Grandes girafes
et fourmis vertes

Du même auteur

AUX MÊMES ÉDITIONS

Voyage en préhistoire.
L'art des cavernes et des abris,
de la découverte à l'interprétation
1998

La Vie et l'art des Magdaléniens en Ariège.
Voyage en préhistoire 2
1999

AUX ÉDITIONS DU SEUIL

En collaboration avec Jean Courtin

La Grotte Cosquer. Peintures et gravures
de la caverne engloutie
1994

Les Cavernes de Niaux.
Art préhistorique en Ariège
1995

En collaboration avec David Lewis-Williams

Les Chamanes de la préhistoire.
Transe et magie dans les grottes ornées
1996

En collaboration avec André Langaney,
Jean Guilaine et Dominique Simonnet

La Plus Belle Histoire de l'homme.
Comment la Terre devint humaine
1998

Le Musée des roches
2000

Jean Clottes

Grandes girafes et fourmis vertes

Petites histoires de préhistoire

la maison des roches
ÉDITEUR

En couverture : Jean Clottes au travail
dans la grotte Chauvet (Photo Philippe Morel).

ISBN 2-912691-09-5

Avant-propos

Rien n'est plus différent, du moins pour ce qui me concerne, que la genèse d'un livre et le travail nécessaire à sa réalisation. Chaque fois, c'est une aventure originale, qui a peu à voir avec les précédentes. L'un des premiers ouvrages que j'écrivis, ma thèse sur les dolmens du Lot, m'occupa pendant douze ans, et je crus n'en jamais voir la fin tant l'accouchement en fut laborieux. En revanche ce livre est né tout doucement, au fil des mois et de mes souvenirs. Son point de départ, comme pour beaucoup d'autres événements de ma vie, fut la grotte Chauvet. Les réactions et les événements extraordinaires qu'elle suscita, et auxquels je fus mêlé souvent bien malgré moi, m'incitèrent d'abord à tout noter, au fur et à mesure, puis à rédiger certains chapitres. Le dernier chapitre de ce livre est d'ailleurs la relation d'une journée dans cette caverne lors de notre campagne de printemps en 1999.

Pendant les campagnes de fouilles ou lors des rencontres de collègues à l'occasion des congrès les conversations portent très souvent, comme dans toutes les réunions de spécialistes, sur des sujets relatifs à notre discipline, la préhistoire, mais pas toujours (Dieu merci !) sur les problèmes scientifiques ou techniques qui se posent à nous. Des anecdotes, des aventures arrivées aux uns ou aux autres en disent long aussi sur cette science. L'éclairage est différent. Rien de commun avec des articles ou des communications scientifiques. Il m'est arrivé fréquemment de raconter mes propres histoires, et j'ai souvent pensé que je devrais en écrire quelques-unes. Je ne l'aurais peut-être jamais fait sans la grotte Chauvet.

J'ai repris mes notes de voyages, j'ai repensé à des découvertes ou à des événements qui m'avaient marqué. Dans les avions qui m'amenaient aux États-Unis, en Argentine ou au Danemark, loin du téléphone, du courrier et du fax, j'ai commencé à écrire ces histoires. Elles sont très diverses, puisqu'elles nous mènent au Niger, en Australie, en Bolivie, en Amérique du Nord et en Patagonie, ainsi que dans les grottes profondes de Chauvet, d'Enlène et de Bédeilhac, où il se passe parfois des choses fort étranges. Les découvertes d'art mobilier y occupent une large place, avec les réactions qu'elles suscitent. Je n'ai pas respecté l'ordre chronologique mêlant volontairement récits de voyages lointains, anecdotes sur des fouilles anciennes et découvertes en France*.

Ces petites histoires sont une autre façon d'aborder ce monde fascinant de la Préhistoire, qui a occupé et qui occupe ma vie. Tout ce que j'y décris et relate est rigoureusement exact, mais les opinions exprimées sont évidemment les miennes, et je ne me gêne pas pour les exprimer. Le genre choisi, qui n'est pas celui de la publication académique, m'a permis beaucoup plus de liberté dans l'expression de mes idées, y compris sur certains sites et sur leur art, ou sur certaines réactions de préhistoriens. On le devinera, j'ai pris grand plaisir (contrairement à ma thèse !) à écrire ces histoires. S'il s'avère que ce plaisir est partagé, il m'en reste bien d'autres à raconter…

* Pour en savoir plus sur ces dernières, il est possible de se reporter aux deux ouvrages où j'ai rassemblé les articles détaillés sur les fouilles et les découvertes : *Voyage en préhistoire*, 1998 et *La Vie et l'art des Magdaléniens en Ariège*, 1999 (la maison des roches, éditeur).

Renards volants, kangourous et fourmis vertes

Lorsqu'en août 1992 je me rendis pour la première fois en Australie, ce fut sans enthousiasme. Un congrès international avait lieu à Cairns, sur la côte nord-est, et je devais y participer, en particulier pour donner à mes collègues étrangers des informations sur la grotte Cosquer, découverte un an auparavant. Il fallait exposer les arguments dont mon ami Jean Courtin et moi-même disposions en faveur de son authenticité, alors que la polémique à ce sujet avait fait rage dans les mois précédents. Toutefois, je ne savais qu'attendre de ce voyage aux antipodes, ne connaissant que peu de choses sur l'art aborigène et m'attendant à trouver un pays monotone au climat éprouvant, pour tout dire assez peu intéressant. Après cette première visite, j'ai été conquis. Je suis revenu en Australie en février 1994 et, si l'occasion s'en représente, j'y reviendrai.

Des excursions de durées variables étaient prévues avant et après le congrès. Je choisis d'en faire une après, en deux étapes, d'une durée totale d'une huitaine de jours. Pour la seconde étape, qui devait nous mener à la Deighton River, dans la péninsule du cap York, il était recommandé d'être en bonne forme physique, car les conditions seraient rudes. Cela m'inquiéta un peu et, dans les semaines précédant mon départ, je fis, avec ma femme, toute une série de randonnées en montagne pour m'y préparer.

L'excursion était organisée par un de nos collègues, Percy Trezise, âgé alors d'environ 67-68 ans, et par ses fils. Ils avaient monté une sorte d'agence spécialisée dans ce genre de safari dans le bush. Je connaissais Percy de nom et de réputation, car il avait découvert et révélé la majeure partie des sites d'art rupestre de la région de Laura. Par un coup de chance, j'eus l'occasion de parler beaucoup avec lui et de mieux connaître ce personnage extraordinaire. Pendant des années, il avait été *bush-pilot* (« pilote de brousse »), se posant partout où une urgence l'appelait. Il procéda ainsi à de multiples évacuations sanitaires et sauva de nombreuses vies, souvent au péril de la sienne. Les aborigènes lui en furent reconnaissants. Il se lia d'amitié avec certains et fut même adopté dans une tribu et initié.

Depuis son avion, il avait aperçu d'innombrables abris dans les rouges falaises qui parsemaient le bush, et, dans certains cas, il avait cru y voir des peintures. Il y revint, au fil des ans, avec ses guides indigènes. Il passa des mois dans le bush qu'il explora systématiquement, découvrant un site orné après l'autre. Quand il prit sa retraite, il acheta d'immenses étendues de cette terre sauvage et désertique et y fit construire un camp de base, où, désormais, il passa plusieurs mois par an à la saison sèche. Il appela cette base Jowalbinna Bush Camp d'après le nom aborigène d'une grande falaise rouge toute proche.

À notre arrivée, le premier jour, nous étions nombreux, une quarantaine peut-être, de sorte qu'il n'y avait pas assez de place au camp prévu pour les visiteurs. Quelqu'un demanda s'il y avait des volontaires pour coucher chez Percy. J'en fus, avec trois ou quatre autres collègues. On nous installa en rangs d'oignons sur des lits de camps placés sous une sorte de véranda ouverte sur le bush. Nos hôtes dormaient à l'intérieur. Pour avoir un semblant de fraîcheur, les cloisons de la bâtisse n'atteignaient pas le toit, de sorte qu'un courant d'air permanent régnait... et qu'on entendait le moindre bruit dans tout le camp. Cette nuit-là, nous ne dormîmes guère. Percy, qui fumait comme un pompier et buvait comme un trou, toussait sans arrêt et ronflait horriblement. Le lendemain soir, pris de pitié sans doute devant nos mines défaites, il prit ses affaires sans un mot et alla dormir à l'autre bout du camp.

À 5 h 30, nous fûmes réveillés par les cris assourdissants des oiseaux. Le bush, sauvage et infini, commençait à vingt mètres à peine de notre camp. On ne voyait pas ces oiseaux, mais ils devaient être des milliers et se disputer beaucoup, à en juger par leurs criaillements incessants. Il faisait frais et, malgré notre nuit perturbée, nous éprouvâmes ce sentiment primordial de bien-être que l'on ne ressent, dans les pays tropicaux, qu'au petit matin ou le crépuscule venu. À partir de 8 heures, la chaleur arrivait et se faisait vite accablante.

Le premier jour, nous vîmes deux grands abris peints, Giant Wallaroo et Red Bluff (aussi appelé Jowalbinna). Avant de partir, Steve, l'un des fils de Percy, vérifia que nous avions tous au moins cinq litres d'eau par personne. Les Australiens ne veillent guère au confort de leurs invités. C'est un peu l'esprit de pionniers : « Chacun se débrouille. » Mais l'eau c'est la vie, et là on ne plaisante pas. Toutes les demi-heures, nous buvions un peu et les cinq litres ne furent pas de trop.

Steve nous avertit aussi de faire attention aux fourmis vertes. Ces fourmis énormes (de 1 à 1,5 centimètre) forment des sortes de cocons grands d'une quinzaine de centimètres en liant entre elles, par leurs sécrétions, les feuilles des eucalyptus ou d'autres arbres. Ces cocons, verts comme le reste de la végétation, ne se voient pas, à moins d'y prêter une attention soutenue. Les fourmis sont à l'intérieur. Si l'on touche au feuillage, elles sortent instantanément de leur abri, se répandent sur l'intrus et le piquent toutes ensemble, ce qui est des plus désagréable, comme j'en fis d'ailleurs la douloureuse expérience. Un jour, je demandai à Steve pourquoi il nous avait mis en garde contre les fourmis vertes et pas contre les serpents. Il me répondit qu'il y avait tant de serpents venimeux en Australie que ce n'était pas la peine : si l'on était mordu, on mourait...

Dès ce premier jour je fis la connaissance des fourmis vertes. Malgré les avertissements je dus toucher un cocon par inadvertance, car une douzaine de ces bestioles me piquèrent. Je jurai en les faisant tomber. Un vieil Australien de notre petit groupe me dit : « Vengez-vous et mangez-les ! » Je crus qu'il plaisantait, et je lui dis imprudemment que s'il les mangeait je le ferais aussi. Sur quoi, à ma grande horreur, il se mit à les attraper et à les croquer. Je ne pouvais reculer. Je lui demandai donc comment procéder. Il m'expliqua que, pour ne pas être piqué, il fallait les saisir prestement par la tête et manger leur abdomen, juteux et – paraît-il – plein de vitamines. Les pattes, sèches et sans intérêt, se crachent. Je le fis donc et en mangeai une douzaine. Le goût me surprit, car c'était très exactement celui d'une écorce de citron. Plus tard, cette petite aventure me valut un grand prestige auprès de mes petits-enfants, mais il fallut leur expliquer – à la demande instante de leurs parents – que ce n'était qu'en Australie qu'on pouvait manger des fourmis (vertes) et que celles de France n'étaient ni vertes ni comestibles.

Percy Trezise me dit un soir qu'il était un homme du bush. Ce à quoi je répondis que j'étais un homme des grottes ou peut-être des montagnes, plus précisément des Pyrénées. Cependant, je comprends son attachement viscéral à ce milieu, en apparence monotone mais en fait aussi varié que la mer, le désert ou la montagne. Lorsque après des heures de marche ardue, accablé de chaleur et de mouches, on a gravi quelque escarpement et que l'on domine l'étendue sans fin du bush, on se sent à la fois écrasé et exalté. Ces bosquets d'eucalyptus, cette herbe rase et sèche parsemée d'épineux, ce sable rouge et ces termitières monstrueuses couvrent des centaines de kilomètres partout autour de vous. Plus de fils électriques, de maisons ou de routes. La survie, pour nous comme pour les kangourous ou les serpents, prime tout. Nous nous sentons alors plus vivants que jamais et si heureux de l'être dans notre vulnérabilité fondamentale. Cette conscience forte de la vie, que l'on savoure d'autant plus que c'est un privilège fragile et éphémère, je ne l'ai ressentie que dans le bush ou les déserts.

Dans la journée, nous marchions d'un abri peint à un autre. Jamais assez à mon goût. Je dus être insupportable à certains de nos compagnons. Tous n'avaient pas eu à cœur de parfaire leur forme physique, ou ne l'avaient pas pu, et quelques-uns traînaient, ralentissant le groupe. Je me désolais égoïstement des arrêts et des lenteurs inévitables.

Nous vîmes pourtant beaucoup d'abris ornés en ces quelques jours. J'en rapportai des centaines de photographies. Chaque fois, Percy annonçait sa présence, criant : « *Hou, Hou ! Anybody there ?* » Je lui demandai pourquoi. Il me dit que c'était par politesse à l'égard des esprits qui hantaient ces lieux sacrés. « Vous croyez vraiment, Percy, qu'il y a là des esprits ? » – « Mais non, mon vieux, bien sûr que non,… mais ça ne peut pas faire de mal. » Prudence et sagesse d'un vieil habitué du bush ! Il nous raconta qu'un jour, avant de pénétrer dans un abri au pouvoir particulièrement redoutable, son mentor aborigène, qui transpirait abondamment, se passa les mains sous les aisselles pour les enduire de sa sueur et lui en frotta le visage et le corps, afin que les esprits reconnaissent une odeur familière et ne lui soient pas hostiles. Nous ne fûmes heureusement pas contraints de prendre ces précautions extrêmes.

Chaque abri était une découverte. Certains, avec quelques dessins, d'autres couverts de centaines de peintures superposées, représentant des crocodiles et des poissons-chats, des kangourous, des émeus (grands oiseaux identiques aux autruches africaines), des tortues et des serpents. Contrairement à l'art des grottes européennes, les humains abondaient. Quelques-uns, la tête en bas, et d'autres allongés et mordus par des serpents, témoignaient de scènes d'envoûtements. Les plus curieux étaient les quinkans, sortes d'esprits malicieux, mâles ou femelles, redoutables pour le voyageur. Le quinkan mâle était doté d'un énorme pénis qui, disait-on, lui servait à bondir de place en place, franchissant ainsi des kilomètres à la fois. La persistance des traditions et des histoires constitue l'une des originalités et des intérêts majeurs de l'art aborigène. Percy se délectait de nous les raconter telles qu'elles lui avaient été transmises par ses informateurs indigènes.

Par exemple, pour atteindre un site qu'ils appelaient Yam Dreaming, Percy et son fils Steve nous firent emprunter un passage rampant. D'après eux, il symbolisait l'initiation, c'est-à-dire la renaissance dans le monde des esprits. Après l'avoir franchi, l'initié renaissait dans le monde des yams (ignames, sorte de tubercule comestible). Les yams étaient les ancêtres de certains groupes. Sur les parois, des peintures rouges bien conservées figuraient des yams, soit sous leur forme réelle, soit partiellement transformés en humains – ou inversement. On y voyait aussi beaucoup de « renards volants » (*flying foxes*), gigantesques chauves-souris ainsi dénommées à cause de leur odeur *sui generis*. Les artistes avaient représenté les *flying foxes* pendus, la tête en bas. Ils témoignaient d'autres histoires.

Le soir, au camp, nous buvions une bière avec Percy (qui préférait un whisky), regardant venir le crépuscule. Tout l'horizon devenait d'un rouge aux multiples nuances qui changeaient de minute en minute. Percy Trezise, peintre renommé à ses heures, dans la veine des « naïfs », a su capturer sur ses toiles mieux que quiconque ces instants magiques du bush. C'est alors que les *flying foxes* quittent les grottes où ils sont à l'abri de la chaleur du jour et émigrent quelques kilomètres plus loin. Quelques-uns traversent le ciel, puis des milliers, des millions semble-t-il, les suivent, entre vingt mètres et cent cinquante mètres au-dessus du sol. On n'entend plus que le bruissement de ces milliers d'ailes. Ils passent par vagues, sans arrêt, pendant plus d'une demi-heure, au-dessus de nous. C'est un spectacle étrange et fantastique, que je n'ai vu que là, à Jowalbinna, en ces fins de journée de début septembre.

Après Jowalbinna, beaucoup des membres du groupe partirent. À moins d'une vingtaine, nous nous rendîmes à la Deighton River, en 4 × 4, car les étroites pistes sableuses ne permettaient pas le passage d'autres types de véhicules. Steve conduisait à une allure folle, évitant les arbres à la dernière fraction de seconde, dérapant et repartant dans des gerbes de sable. Une pile de matelas nous attendait, apportés par une autre voiture. Chacun en prit un et choisit son lieu de repos. J'allai aussi loin du camp que je l'osai, sur des roches plates. D'autres restèrent ensemble. Le lendemain, je me félicitai de mon choix lorsque, au petit déjeuner, plusieurs se plaignirent d'invasions nocturnes de fourmis.

Le matin venu, nous partîmes à pied, après avoir fait le plein d'eau dans le *billabong*, c'est-à-dire un bras mort de la rivière toute proche. L'eau trouble et vaseuse avait un aspect peu engageant, mais il fallut tout de même boire nos cinq litres quotidiens. À ma connaissance – et à mon étonnement –, personne ne fut malade. Le soir, de retour au camp, après une journée de marche dans la chaleur et la poussière, Steve nous engagea à nous baigner, tout près de l'endroit où l'on puisait notre eau « potable ». Tout le groupe se jeta à l'eau, se lava et se relaxa. Plus tard, Steve nous dit avoir vu quelques crocodiles d'eau douce dans ce *billabong*, « mais pas depuis quelque temps ». L'une des femmes du groupe lui demanda si ce serait dangereux de se baigner la nuit venue. Il lui jeta un regard appréciateur et lui répondit tout à trac : « Ça dépend avec qui. Avec moi, madame, sans aucun doute ! » Stupéfaite – et peut-être flattée –, elle éclata de rire.

La dernière après-midi fut la plus dure. Certains restèrent au camp, mais nous partîmes à quelques-uns voir Intercourse Site, au sommet d'une colline. Il faisait très lourd, car un orage menaçait et le soleil, dans notre dos, nous pesait sur la tête et les épaules. Arrivés à la crête, nous nous écroulâmes. Personne ne disait mot, chacun essayant de récupérer. Il nous fallut un bon quart d'heure avant d'aller voir l'abri orné, qui tirait son nom d'une scène de copulation humaine.

Ce voyage initial, dans une certaine mesure initiatique, m'apprit beaucoup, malgré sa brièveté, que ce soit à l'occasion du congrès lui-même ou dans le bush. Il faut avoir dormi à la belle étoile – l'expression prend tout son sens dans la nuit australienne ! –, avoir marché pendant des heures dans le bush, avoir atteint à grand-peine les abris ornés et découvert leur infinie variété et la richesse de leurs compositions, avoir écouté, autour du feu de camp, les légendes qui s'y attachent pour commencer à avoir une très faible idée de ce que ce pays gigantesque peut représenter pour les aborigènes et entrevoir la multitude des significations de leur art, ainsi que la complexité et la beauté de leurs croyances.

Par chance, je fus invité à revenir en Australie deux ans plus tard, pour un autre congrès à Armidale, où je présentai une communication, puis pour une dizaine de jours dans le bush. Cette fois, nous étions un tout petit groupe, dont un aborigène, Alf Barton, le chef de la tribu des Kalkadoons, sur le territoire desquels nous devions nous rendre, avec Ian Davidson (le professeur de préhistoire qui m'avait invité), afin de prélever des échantillons de pigments destinés à être analysés pour étudier les techniques picturales. Des travaux, menés sur ce sujet quelques années plus tôt avec les spécialistes du laboratoire de recherche des Musées de France et récemment publiés, m'avaient valu cette invitation. Le congrès avait lieu en février et nous irions dans le bush juste après son déroulement.

Six mois auparavant, à l'occasion d'un congrès en Norvège (oui, les préhistoriens, comme tous les chercheurs, voyagent beaucoup…), je bavardai avec une collègue australienne, spécialiste en art rupestre et médecin de profession. Je lui demandai comment me préparer physiquement à ce voyage, puisque nous serions dans ce que les Australiens appellent « *the outback* » (« l'intérieur reculé ou profond »), et cela en plein été, février étant là-bas l'équivalent de notre mois d'août. Elle me considéra avec surprise et commisération et me déclara d'un ton sans réplique : « Rien ! Vous ne pouvez rien faire pour vous préparer, parce que c'est de la folie pure et que, si vous allez dans le bush en février, quoi que vous fassiez, vous mourrez ! » Je ne la crus pas – après tout, mon collègue australien savait ce qu'il faisait –, mais cela ne laissa pas de m'inquiéter un peu.

Il est vrai que, arrivant le soir déjà venu à Mount Isa, petite ville minière éloignée de tout, après avoir pris plusieurs avions depuis Armidale où la température était très supportable, la chaleur (à l'atterrissage, on nous annonça 38° à l'ombre) nous fit l'effet d'un coup de massue. Je me demandai combien il devait faire dans la journée au soleil ! Je ne le sus jamais, mais, Dieu merci ! nous survécûmes sans trop de peine, malgré quelques avatars sur lesquels je reviendrai, grâce à notre 4 × 4 à air conditionné, que nous retrouvions avec délices après nos longues marches, et surtout grâce aux centaines de litres d'eau que nous avions apportés. Comme précédemment, nous ne quittions jamais la voiture sans en emporter plusieurs litres ; nous buvions régulièrement et mangions très salé pour compenser les pertes de sels minéraux dues à la transpiration. Plusieurs fois par jour, nous faisions du thé à même le sol dans un *billy-can*, théière toute noire et bosselée, posée sur un feu hâtivement allumé à partir des innombrables branches mortes qui parsèment le bush. Plus tard, je devais retrouver un cérémonial du même ordre avec les Touaregs du Niger.

En fait, les premiers jours, je souffris beaucoup plus des mouches que de la chaleur. Dès le premier rayon du soleil, elles étaient là, bourdonnant en nuages autour de nous, nous assaillant, pénétrant dans les yeux, les oreilles, la bouche. Aller aux toilettes était particulièrement éprouvant. Ces toutes petites mouches noires, qui sortent de nulle part dans ce désert où elles sont omniprésentes, constituent une véritable plaie. Quand nous marchions, nous en avions une bonne centaine collées sur le dos, absorbant la moindre humidité de notre corps. Le soir, nous nous mettions dans la fumée du feu de camp pour leur échapper. Puis, brusquement, avec la tombée de la nuit, miracle ! elles disparaissaient jusqu'au matin et nous pouvions nous abandonner, avec quel plaisir ! à la relative fraîcheur de la nuit, chacun allongé sur son *tarp*, sorte de toile-couverture imperméable qui sert à la fois de tapis de sol et de drap. Nous relevions le *tarp* aux quatre coins, avec des bouts de bois, pour qu'au cours de la nuit un serpent ne fût pas tenté de venir nous tenir compagnie.

J'étais ravi qu'il y eût un aborigène parmi nous, car je comptais lui poser d'innombrables questions sur la signification de l'art. Je fus bien déçu à cet égard, comme nous le verrons. Il en alla différemment pour mon collègue et vieil ami Antonio Beltrán, lorsque, à l'occasion du congrès de Darwin, en 1988, il fit une expédition dans le bush avec un aborigène appelé Murru Murru. Son expérience est édifiante sur les conclusions trop hâtives que l'on peut tirer d'œuvres d'art rupestre lorsque leur contexte est inconnu. Beltrán avait d'abord vu certains sites avec Murru Murru, qui lui avait donné quelques explications, avant d'y revenir peu après avec un groupe de congressistes. Parmi eux, une collègue américaine féministe s'arrêta devant deux mains négatives peintes sur la paroi d'un abri. L'une, plus grande et de facture plus grossière, était située au-dessus de l'autre. Elle commença à les interpréter : « Il est évident que la main du haut, masculine, placée comme elle l'est au-dessus d'une main féminine, symbolise la domination de l'homme sur la femme ! » Beltrán lui dit gentiment que peut-être il serait mieux d'interroger l'aborigène, car il savait. On fit venir Murru Murru et on lui posa des questions sur ces mains. Il se mit en colère : « Oui, je sais ! Celle du haut est ratée. J'avais placé ma main trop haut. Si vous croyez que c'est facile ! Mais l'autre, que j'ai faite après, au-dessous, est bien mieux. » Une telle aventure enseigne la modestie en matière d'interprétations.

Revenons à Alf Barton, notre compagnon aborigène. Dès notre arrivée dans la Selwyn Range, à cent cinquante kilomètres de Mount Isa, je m'aperçus qu'il ne savait quasiment rien de l'art rupestre placé sous sa responsabilité morale. Il avait quitté sa famille âgé de quelques années à peine et, toute sa vie, il avait travaillé dans un ranch, une de ces fermes dont le territoire couvre des milliers d'hectares où le bétail se disperse en tout petits groupes. Il avait donc été coupé très tôt de ses racines culturelles et n'avait pas hérité des traditions de ses ancêtres.

De fait, à ma grande surprise, Alf arriva muni d'une caméra vidéo et se mit en devoir de m'interviewer au sujet de l'art, de son importance, de la recherche que nous menions. C'était le monde à l'envers. Quand le moment fut venu de prendre des échantillons, je sollicitai bien entendu son accord, non sans lui avoir expliqué en détail ce que nous attendions de ces analyses. Il fut soulagé de voir que les quantités de pigments prélevées étaient infinitésimales et ne portaient en rien atteinte à l'aspect des peintures. Le prélèvement fut filmé, sans aucun doute à destination des autres membres de la communauté. Après quoi, chaque fois que je lui demandai sa permission dans les jours suivants, ce que je ne manquai jamais de faire, il eut un geste de la main un peu las et resta à l'ombre pendant toute la durée de l'opération.

En revanche, Alf avait une excellente connaissance du bush, comme je le constatai à diverses reprises. Un jour, je m'étais allongé sur le sol pour mieux photographier, sur la voûte d'un abri jusqu'alors inconnu, des peintures représentant des wallabies (sorte de kangourou plus petit que les « vrais »). Alf me dit gentiment de faire attention, car ces abris étaient fréquentés par les kangourous qui y recherchaient l'ombre pendant la journée et il pouvait y avoir des tiques, dangereuses puisqu'elles transmettaient des maladies. Il m'examina le dos soigneusement et en trouva plusieurs. Je ne récidivai pas.

Une autre fois, nous roulions sur une piste qui, exceptionnellement, n'était pas trop mauvaise, et nous allions donc relativement vite. Alf s'exclama : « Des traces de dromadaire ! » Je crus avoir mal compris son fort accent, car je ne croyais pas qu'il fut possible de voir quoi que ce soit à cette allure et, en outre, les dromadaires n'étaient pas associés pour moi au bush australien. Dix minutes plus tard, il annonça : « Le voilà ! » Effectivement, un dromadaire sauvage nous regardait dans le sous-bois et commençait à s'éloigner. Je sautai de la voiture, le poursuivis et réussis à le photographier au téléobjectif. Renseignements pris, ces animaux auraient été amenés – me dit-on – au siècle dernier, lorsque des Afghans furent embauchés pour de gros travaux de génie civil. Les hommes rentrèrent chez eux, mais les dromadaires restèrent, retournèrent à l'état sauvage et proliférèrent dans le bush.

Si, lors de mon premier voyage, je n'avais vu que peu d'animaux sauvages (un seul kangourou, mais beaucoup d'oiseaux de toutes sortes), sans doute parce que nous étions en groupe, il n'en fut pas de même cette fois-ci. Chaque jour, nous apercevions de grands kangourous debout à l'ombre des arbres, et il n'était pas rare, lorsque nous avancions péniblement vers un abri, d'en voir sortir toute une troupe de wallabies. Nous vîmes même, à deux reprises, des dingos, ces chiens sauvages discrets qu'il est rarissime d'apercevoir, des émeus et des brolgas, sortes de grues élégantes, près d'un point d'eau. Je souhaitais photographier des émeus dans leur milieu. Aussi, lorsque nous en aperçûmes un couple, je fis arrêter la voiture mais je commis l'erreur d'en sortir. Ils partirent immédiatement au petit trot. Je me lançai à leur poursuite et j'arrivai à prendre quelques photos. Puis je retournai sur mes pas, mais je m'aperçus alors que je ne retrouvais plus mes repères. Pour un étranger comme moi tout se ressemble dans le bush. J'étais tenté de poursuivre et d'essayer de retrouver la voiture. Il me fallut un gros effort de volonté pour me contraindre à rester sur place et à attendre, sachant bien que les autres viendraient à la rescousse. J'en fus quitte pour une petite blessure d'amour-propre et beaucoup de plaisanteries.

En revanche, nous eûmes une aventure qui aurait pu très mal se terminer. Nous étions logés dans une mine – j'y reviendrai – et nous étions allés voir un site à plusieurs dizaines de kilomètres de là. Nous cherchions à le repérer au GPS (*global positioning system*, c'est-à-dire système de repérage par satellite). Le seul qui connaissait un peu les lieux était Ian Davidson. Il marchait donc en tête, avec carte et GPS, et je le suivais. Les herbes sèches et les *spinifex* (buissons très épineux) étaient hauts. Tout d'un coup, je m'aperçus avec horreur qu'Ian allait mettre le pied sur un gros serpent lové. Je criai : « *Snake !* » Trop tard !

Emporté par son élan, il avait marché sur le serpent. Celui-ci se contracta mais resta lové et ne l'attaqua pas. Ian était un grand et solide gaillard. L'avait-il écrasé et tué sur le coup ? Le serpent digérait-il, ce qui expliquait son manque de réaction ? Je ne sais. Toujours est-il que nous l'avions échappé belle. Alf, très excité, se mit à regarder tout autour. Il nous dit que c'était une *deaf adder*, vipère dont la morsure ne pardonne pas. Si Ian avait été mordu, il serait mort. Quant à nous, nous aurions été perdus, loin de tout, sans moyen de communication, avec des chances non négligeables de connaître le même sort. Avant de quitter ces lieux, je ne manquai pas de photographier le serpent (au téléobjectif, par prudence).

Au bout de plusieurs jours, sales et poussiéreux, nous aspirions plus que tout à nous laver. Pas de *billabong*, cette fois-ci. En plein milieu de l'été, tout était sec. Ian eut l'idée de demander l'hospitalité à une mine d'or qui fonctionnait au milieu de la Selwyn Range. Nous y fûmes très bien accueillis. Le directeur, homme dans la trentaine, athlétique et ouvert, veilla à ce que l'on nous donnât une chambre à chacun. Les chambres étaient des sortes de cellules monacales dans un bloc communautaire, mais avec le confort suprême : air conditionné, douche et machine à laver. Le soir venu, le directeur vint à notre table dans la vaste cafétéria où les mineurs prenaient leurs repas. La nourriture était d'une abondance et d'une qualité surprenantes : plusieurs plats de viande et de légumes, salades, desserts et glaces variés. Pas de vin ni de bière, cependant : jus de fruits, lait, Coca-Cola et boissons gazeuses. Chacun se servait à sa guise et prenait ce qu'il voulait dans des boîtes isothermes pour le repas du lendemain midi.

Le directeur nous expliqua le fonctionnement de la mine. Elle ne durerait qu'une quinzaine d'années en tout. On y exploitait l'or et le cuivre. Ce dernier payait les frais, l'or était tout bénéfice. Les mineurs, dont la moyenne d'âge devait être de 30 à 35 ans, étaient pour la plupart de grands costauds. Beaucoup étaient tatoués. Cela faisait très « frontière », avec le confort et la paix en plus. Tout était fait, effectivement, pour éviter tensions et conflits. Le personnel comptait une dizaine de femmes et environ trois cents hommes. Tous les quinze jours, les mineurs avaient droit à une semaine de congés. On les amenait en bus à Mount Isa et de là, en avion, jusqu'à une ville de la côte est où on les reprenait une semaine plus tard. La nourriture excellente, le confort, l'absence de boissons alcoolisées et le dur travail faisaient le reste et le calme régnait.

Parmi les cadres, un « officier à l'environnement » veillait à ce que les parties de la mine exploitées fussent remblayées, aplanies, replantées d'essences locales et rendues à la nature. Plus tard, quand la mine cesserait ses activités, rien ne devrait plus témoigner de sa présence. Cet homme passait ses loisirs à explorer le bush et, en particulier, à rechercher les sites d'art rupestre. Il nous guida sur une dizaine d'entre eux, que nul autre que lui ne connaissait. Avec Ian, nous dressâmes le plan des plus importants, situant et notant les œuvres d'art. Je tenais une extrémité du décamètre et mesurais les perpendiculaires par rapport à notre ligne de base. Cela m'amenait à aller dans tous les recoins et les moindres anfractuosités pour prendre les mesures. Dans l'un des sites, je surpris un jeune wallaby qui me bondit sous le nez, me faisant sursauter. Dans un autre, je vis sur le sable du sol des traces allongées d'assez fortes dimensions. Je crus que c'étaient les queues des kangourous, mais je les trouvai tout de même bien larges, et je demandai donc à Alf ce qu'il en était. Il me répondit sans s'émouvoir « Un gros vieux python... », ce qui ne me rassura guère.

Finalement, nous revînmes à Mount Isa sans encombre. Nous ramenâmes Alf chez lui et nous fîmes la connaissance de sa femme et de son fils, un adolescent de 16 ou 17 ans.

Ce dernier nous dit fièrement qu'il jouait du didgeridoo, cet instrument traditionnel long d'un mètre cinquante environ, fait d'un tronc évidé, dont seuls les hommes peuvent jouer et dont ils tirent des sons extraordinaires. À notre demande, il nous dit qu'il accepterait de jouer pour nous.

Le lendemain matin, nous devions voir un autre site, à une vingtaine de kilomètres de Mount Isa, avant de prendre notre avion le soir. Cette fois, il ne s'agissait pas de peintures mais de gravures rupestres. Nous passâmes prendre Alf et son fils. Sa femme nous accompagna aussi. Après avoir vu les gravures et pris photos et notes, nous nous installâmes au pied des roches gravées. La femme d'Alf avait revêtu pour la circonstance une ample robe rouge, jaune et noire. C'étaient les couleurs aborigènes, nous dit-elle : jaune pour le soleil, rouge pour les roches, noir comme leur peau. Accompagnée par son fils au didgeridoo, elle chanta pour nous un « opéra » aborigène qu'elle avait elle-même composé. Dans ce désert rocheux, près des rochers sacrés, ce fut un moment d'émotion exceptionnel, un grand honneur et une marque de confiance. C'est ce souvenir vivace, exaltant mais aussi un peu triste, car j'ai récemment appris que notre ami Alf était mort, que je garde de l'Australie.

Breuil, sexe et préjugés

C'est la campagne de fouilles annuelle à Enlène, dans l'Ariège, en septembre 1980. Un tiers seulement de l'équipe, forte cette année d'une trentaine de participants, est à l'œuvre dans la grotte. Les autres restent au camp de base, à Pujol, où ils s'occupent activement des travaux postfouilles. Certains lavent à l'eau sous pression, dans des tamis superposés, les sédiments des couches archéologiques en place ou ceux provenant des déblais des chercheurs qui ont opéré sur ce site longtemps avant nous. D'autres, derrière eux, font un premier tri sommaire, éliminent les plus grosses pierres sans intérêt, mettent à part silex, esquilles osseuses, plaquettes de grès, et rangent au soleil les résidus de tamis qui seront plus tard examinés à loisir lorsqu'ils auront séché. D'autres encore procèdent à ce tri minutieux sur le contenu des cagettes déjà sèches. Les objets, répertoriés sur plan, numérotés dans la grotte, sont eux aussi lavés et exposés à l'air avant d'être marqués à l'encre de Chine par numéros, carrés, couches et rangés.

Dans la caverne, nous travaillons sur deux points distincts, dans une galerie près de l'entrée et dans la salle du Fond. Dans cette dernière, deux étudiants enlèvent soigneusement les déblais des anciennes fouilles, car la grotte a subi bon nombre de recherches depuis un siècle et une grande partie de son remplissage archéologique a été bouleversé. Avec deux ou trois autres membres de l'équipe, je décape une zone où les couches ont échappé à la destruction. Patiemment, avec balayettes, pinceaux et instruments de dentiste, nous dégageons les vestiges abandonnés par les magdaléniens. Nous allons très lentement, car la couche est particulièrement riche en os cassés, souvent brûlés (l'os a servi de combustible, malgré les odeurs que l'on imagine...), riche aussi en plaquettes – certaines peuvent être gravées – et en outils divers. Nous travaillons en silence dans le calme profond de cette salle éloignée de l'entrée, à la lumière des lampes alimentées par un groupe électrogène extérieur.

Soudain, l'un des jeunes fouilleurs des déblais, François Briois, se lève et me tend une pierre. « Jean, regardez cette gravure ! » Il s'agit effectivement d'un fragment de plaquette gravée, avec deux têtes un peu caricaturales. Les traits ressortent en blanc sur un fond rougeâtre. Trop clairement à mon goût. Je flaire une supercherie, comme il s'en produit parfois sur les chantiers, bien que François soit un garçon des plus sérieux. « Si c'est une blague, elle n'est pas drôle ! » Il rougit et proteste de son innocence. Bougonnant toujours, je regarde sa trouvaille de plus près. Il est vrai que le fond rougeâtre d'une pierre passée au feu a pu, à première vue, m'induire en erreur en accentuant le contraste entre les traits qui, en conséquence, paraissent frais et le reste de la surface du support. Nous verrons cela dehors. En fin de journée, la plaquette est sortie de la grotte, soigneusement enveloppée par prudence dans son sachet en plastique, comme les autres vestiges, avant d'être lavée et marquée.

Le lendemain, mon ami et associé Robert Bégouën, sur la propriété duquel nous demeurons pendant le chantier, me dit : « Tu te rappelles la plaquette trouvée à Enlène par mon père avant la guerre, où il voyait deux humains, alors que Breuil n'en voyait qu'un ? La pierre ressemblait à celle qu'a trouvée François. J'ai donc eu la tentation de voir si les deux fragments se raccordaient. Il faudra vérifier avec l'original, qui se trouve à Paris au musée de l'Homme, mais, sur photos, cela a l'air de coller. » Au début, je suis sceptique car ce serait trop beau. Toutefois, après avoir réalisé un agrandissement en grandeur nature du morceau trouvé par son père, il faut se rendre à l'évidence : tous les traits de l'une ont leurs prolongements sur l'autre et les cassures coïncident. C'est bien la même plaquette, partiellement reconstituée 14 000 ans après sa fracture et un demi-siècle après la découverte du premier fragment. Lors de la même campagne de fouilles, nous trouvâmes, dans les déblais anciens, un autre fragment qui se raccordait au reste et où l'on voyait un arrière-train de bison surchargé par un humain, malheureusement incomplet. Plus tard, en 1983, nous devions ajouter trois pièces à ce puzzle, dont deux trouvées dans la couche en place. Elles changèrent la conception que nous avions de l'objet, puisqu'un grand bison, superbe, bien cadré sur toute la largeur de la plaquette apparut. Nous constatâmes alors que c'était lui le personnage premier, central, alors que les humains ne furent gravés qu'en second lieu, sur le bison lui-même pour le personnage isolé, et dans un espace laissé volontairement libre sur la plaquette pour le couple.

Le fragment découvert dans les années trente par Louis Bégouën avait une histoire. Son découvreur y voyait un couple, c'est-à-dire une représentation de coït où l'homme était positionné derrière la femme. Saccasyn Della Santa dans un ouvrage peu connu sur *Les Figures humaines du Paléolithique supérieur eurasiatique* (1947), Jean Bouyssonie, qui dessina la pièce, et le Dr Léon Pales qui en reprit l'étude ultérieurement et en fit un nouveau relevé, partagèrent la même opinion. En revanche, l'abbé Henri Breuil, sans exposer d'arguments à l'appui de son interprétation,

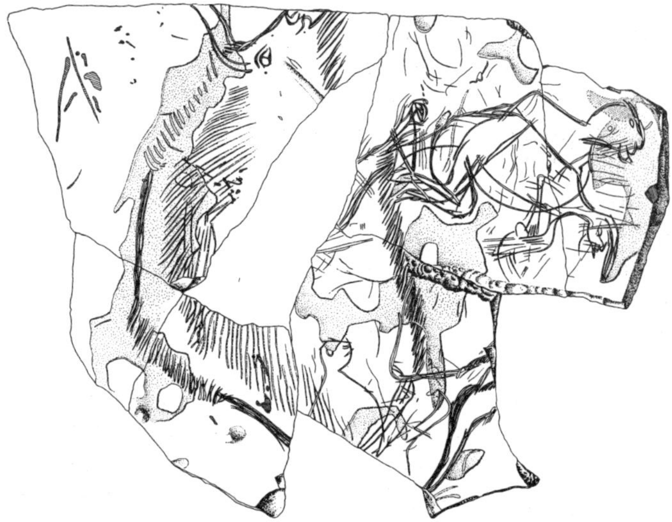

La grande plaquette d'Enlène, avec, à gauche, le grand bison, à droite, le couple humain et, en bas au centre, le troisième humain. Largeur : environ 29 cm. Relevé de François Briois.

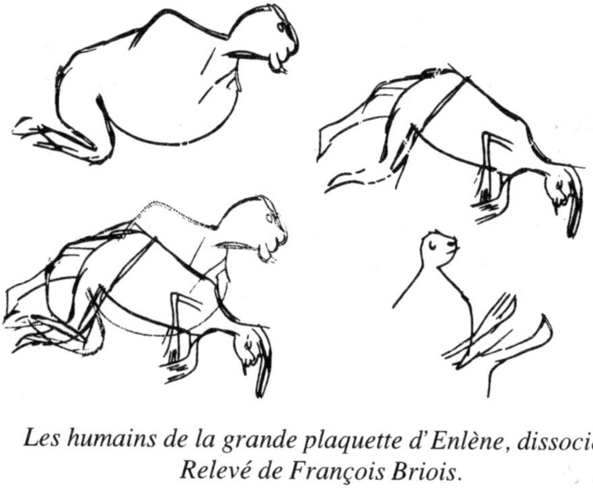

Les humains de la grande plaquette d'Enlène, dissociés. Relevé de François Briois.

publia son propre relevé, celui d'un seul personnage humain aux traits multiples. Son diagnostic prévalut, sans qu'il y eut discussion – comme c'est souvent le cas en archéologie, où « l'argument d'autorité » est si puissant –, et la plaquette fut souvent reproduite (y compris par moi-même en 1976) comme la représentation d'« un » humain.

Notre découverte de 1980 mettait donc à mal la détermination de l'abbé Breuil et validait celle de ses contradicteurs. Il s'agissait bien d'un accouplement, avec le personnage de droite, grêle, en position accroupie, penché en avant, une jambe ployée et l'autre étendue, les bras à demi pliés. Cet humain se caractérisait par sa gracilité (cou, épaule) et par de longs cheveux projetés en avant, outre une ceinture autour de la taille. L'autre personnage, immédiatement derrière, était beaucoup plus massif, avec de larges épaules et une tête peu détaillée surchargée par quelques traits. L'étude des superpositions de traits à la binoculaire me montra que l'artiste avait souhaité séparer et distinguer nettement les hauts des corps, tout en imbriquant étroitement les bas. La technique employée confirmait donc qu'il ne s'agissait pas d'une superposition fortuite, mais d'une composition voulue, puisque les deux humains avaient été gravés en même temps : d'abord la tête et le cou du sujet grêle, puis la tête, le haut du corps et le ventre du sujet massif ; enfin, le bas du corps du sujet gracile fut complété, puis celui de l'autre. Aucun caractère sexuel primaire (pénis, vulve) ni secondaire (barbe, seins) n'était indiqué. Néanmoins, nul doute qu'il s'agissait d'un accouplement fronto-dorsal entre un homme et une femme. La posture indiquait le coït. La longue chevelure du personnage mince, sa gracilité manifeste qui contrastait de façon évidemment recherchée avec la massivité de l'homme, et même la ceinture, qui, d'après le Dr Pales lorsqu'il étudia les représentations d'humains sur les plaquettes de La Marche (Vienne), est « une forte présomption en faveur du sexe féminin », tout allait dans le sens de la présence d'une femme dans ce couple. Ses cheveux projetés en avant, sans autre exemple connu dans l'art préhistorique, étaient l'indice d'une tête penchée et permettaient d'orienter le couple, en position accroupie.

Jusqu'à notre découverte, l'interprétation restrictive de l'abbé Breuil, fruit de préjugés dont nous allons voir un exemple encore plus éclatant, avait condamné le couple d'Enlène à l'oubli pendant des décennies. Ce ne fut pas sans conséquences, puisque dans son livre fondamental *Préhistoire de l'art occidental*, paru en 1965 et réédité plusieurs fois depuis (1971, 1973, 1995), André Leroi-Gourhan écrivit qu'« on ne connaît aucune scène d'accouplement humain dans tout l'art paléolithique, ni même aucun cas où une figure masculine ityphallique soit au voisinage immédiat d'une figure féminine » (p. 90). À ce propos, lorsque nous mîmes au jour les morceaux de plaquette avec les deux têtes, je fus quelque peu inquiet des réactions de Leroi-Gourhan. Comment le « maître » allait-il prendre cette contradiction flagrante avec ses théories ? Allait-il falloir discuter, nierait-il ce qui m'apparaissait être une évidence ? Je lui montrai les photographies non sans une certaine appréhension, m'abstenant de tout commentaire. Il les regarda longuement et me dit : « C'est bien un coït. J'ai écrit qu'il n'y avait pas de scène sexuelle dans l'art paléolithique. Maintenant, il y a au moins celle-là. » J'eus un peu honte de mes doutes initiaux. André Leroi-Gourhan était un véritable scientifique qui savait reconnaître ses erreurs, les limites de nos connaissances et changer ses conceptions en conséquence, alors que certains de ses disciples voudraient maintenant figer sa doctrine à tout jamais.

Une autre pierre gravée d'un sujet érotique avait cependant été trouvée, à Enlène également, et une fois de plus par Louis Bégouën. Il la signala sans en publier ni photographie ni relevé, car « son réalisme inconvenant n'en permet guère la reproduction » (*sic*). « Un homme et une femme sont représentés face à face, celle-ci paraît assez mince, mais les fesses proéminentes indiquent une certaine stéatopygie ; les jambes sont longues, les seins vagues et pendants ; le bras droit, très mince et démesurément long, semble dirigé d'une façon obscène vers le sexe de l'homme indiqué avec exagération. Tout le corps de celui-ci est dessiné avec plus de soin que celui de la femme : les traits sont plus profonds et plus sûrs, le torse est plus fort que celui de la femme, les bras sont incertains, les jambes bien musclées. Il semble qu'une sorte de fourrure descende le long du dos et se termine par une épaisse toison ; les pieds manquent, ainsi que les têtes des deux sujets, qui ont été emportées par une cassure » (1939, p. 293-294). En l'absence de toute représentation graphique, omise sous l'influence des préjugés de l'époque en matière sexuelle, cette description passa inaperçue (*cf.* les affirmations de Leroi-Gourhan) et l'objet tomba dans l'oubli le plus total.

En 1981, Robert Bégouën découvrit, dans les archives familiales, deux relevés sans échelle accompagnés d'une feuille où l'abbé Breuil avait précisé : « Dessin du couple des Trois-Frères. Croquis. » En fait, la trouvaille avait bien été effectuée à Enlène et non aux Trois-Frères. L'un des relevés de Breuil était la transcription intégrale de la face gravée, l'autre un dessin sélectif des personnages. La description de Louis Bégouën, très précise, se référait de toute évidence aux croquis retrouvés.

Afin de vérifier sur l'original, après que notre découverte des morceaux de la grande plaquette eut éveillé notre intérêt pour les représentations sexuelles dans l'art magdalénien, nous sollicitâmes le musée de l'Homme, où cette plaquette devait être conservée, comme les autres trouvailles de Louis Bégouën. En vain. On nous répondit qu'aucun objet répondant à cette description ne se trouvait dans les réserves. Il est vrai que nous recherchions une plaquette peu épaisse, en nous basant sur le dessin, alors qu'il s'agissait en réalité d'un gros galet et que nous ignorions que le dessin de Breuil était deux fois plus grand que nature !

Finalement, après avoir examiné une à une toutes les pièces conservées dans la collection d'Enlène au musée de l'Homme, nous finîmes, à notre grande joie, par mettre la main sur la « plaquette érotique », comme nous l'appelions. Je la fis relever par l'un de mes collaborateurs experts en la matière (je parle bien entendu des relevés), Christian Servelle, et je vérifiai trait pour trait, à la loupe, le nouveau relevé qu'il en fit.

À droite, on voyait bien un homme, cadré le long d'une fracture naturelle. Ses deux caractéristiques essentielles étaient la queue animale lui pendant dans le dos et le gros sexe érigé. Mais l'abbé Breuil avait omis plusieurs traits au-dessous du gland, qui pouvaient représenter une miction ou plutôt, étant donné la présence de son vis-à-vis, une éjaculation.

Le personnage opposé était assez différent de ce qu'avait vu Breuil. Le bras exagérément tendu avec une main aux doigts trop nombreux concordait avec le croquis de l'abbé, ainsi que le haut du tronc. En revanche, on ne voyait ni seins ni croupe. Le caractère féminin de cet humain était donc une pure supposition, induite à l'évidence par les préjugés de l'époque. Si scène érotique il y avait – et c'était indiscutablement le cas –, le partenaire d'un homme en érection ne pouvait être qu'une femme. C'est donc une femme que Breuil rechercha ; c'est elle qu'il vit et qu'il figura.

On constate à quel point préjugés et idées préconçues influent sur notre jugement, puisqu'ils sont susceptibles de changer notre vision concrète des objets. L'abbé Breuil fit d'ailleurs une erreur du même genre lorsqu'il releva les célèbres peintures de l'abri dit de la « Dame-Blanche »,

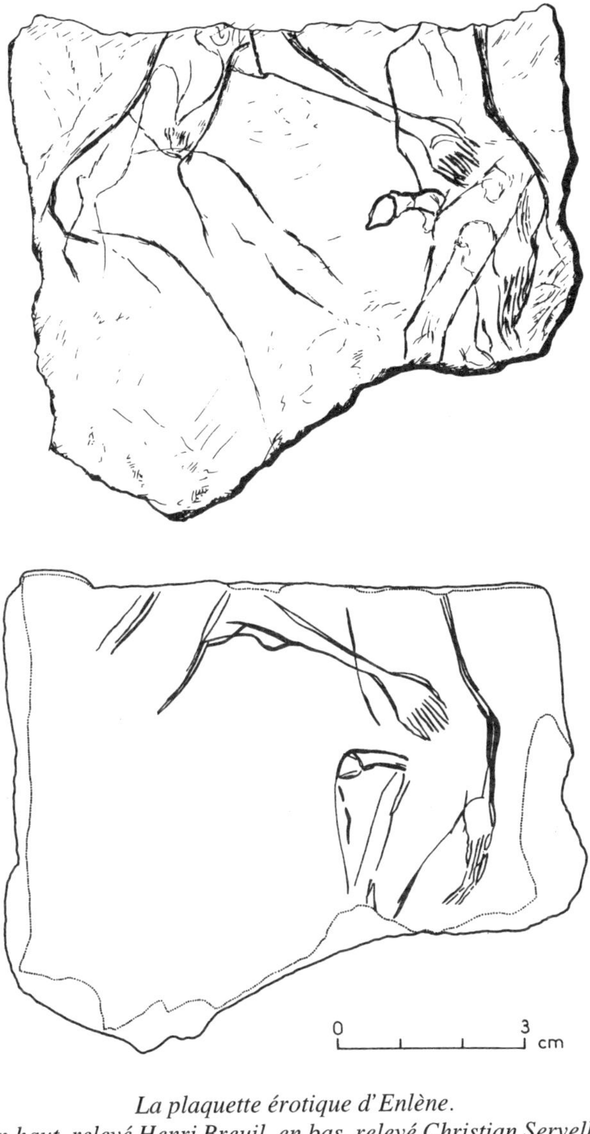

La plaquette érotique d'Enlène.
En haut, relevé Henri Breuil, en bas, relevé Christian Servelle.

dans le Brandberg, en Namibie. La Dame-Blanche, où il vit une princesse d'origine lointaine sur laquelle il s'extasia, était en fait un guerrier local, au pénis infibulé très apparent, ainsi que les études subséquentes de Harald Pager le démontrèrent. J'ai vu sur place ces peintures, et il ne saurait y avoir le moindre doute. Dans un cas, à Enlène, Breuil rajouta fesses et seins à la « femme », dans l'autre il féminisa un homme indiscutable en omettant son pénis.

À la suite de nos découvertes ariégeoises, je publiai quelques articles, avec Robert Bégouën, et je présentai une communication dans un congrès. Je pus mesurer alors que les préjugés avaient encore la vie dure. Lors d'un congrès à Haïfa (Israël) où j'avais été invité en 1987, j'avais annoncé ma présentation sur le sujet « Scènes érotiques dans l'art paléolithique ». Quelle ne fut pas ma surprise de voir que, sur le programme, mon titre était devenu « Scènes dans l'art paléolithique ». Ce n'était pas tout à fait la même chose ! Les organisateurs m'assurèrent qu'il s'agissait d'une omission parfaitement involontaire et non pas d'une censure due à la pudibonderie. Il n'empêche. En un sens, si c'était un acte manqué où l'inconscient s'exprime, c'était peut-être pire. Quoi qu'il en soit, je parlai du sujet initialement prévu et j'utilisai cette erreur pour l'introduire.

Par contre, à peu près à la même époque, un de mes articles fut effectivement censuré. Avec Robert Bégouën, nous avions procédé à un réexamen approfondi du grand félin de la grotte des Trois-Frères. Il avait été publié, par Henri Bégouën et par l'abbé Breuil, comme étant une lionne à la vulve apparente et dotée d'une double queue. Robert avait depuis longtemps remarqué que la deuxième queue n'existait pas et que les tracés ainsi interprétés représentaient en fait un avant-bras humain, avec la main tendue vers l'arrière-train du félin. L'erreur première, comme il advient si souvent, avait été reprise des dizaines et peut-être des centaines de fois dans toutes sortes de publications.

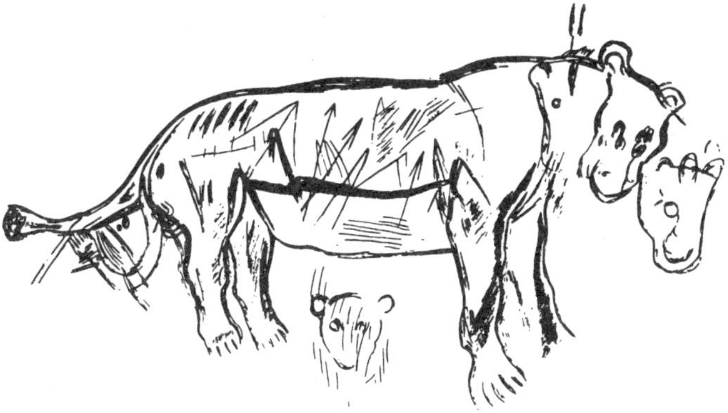

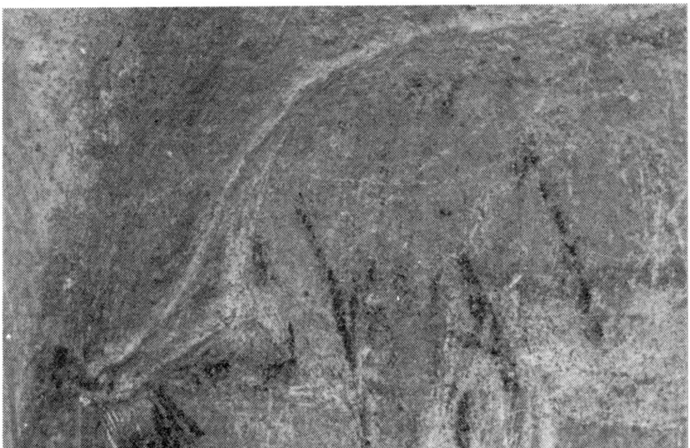

Le lion des Trois-Frères. En haut, relevé erroné de l'Abbé Breuil : l'animal est doté d'une deuxième queue qui est en fait un avant-bras humain tendu vers sa queue. En bas, photo Robert Bégouën.

Tout récemment, un spécialiste américain, Alexander Marshack, venait de la ressortir à l'appui de sa thèse sur la réfection périodique des figures paléolithiques.

Nous décidâmes donc de revoir cette gravure en détails et nous passâmes des heures à l'examiner sous des lumières frisantes pour que rien ne nous échappe. Non seulement la queue était bien un avant-bras humain prolongé par sa main, mais le sexe supposé du félin n'existait pas, non plus que les deux têtes supplémentaires dont aurait été doté l'animal. L'une était l'interprétation abusive de reliefs naturels, et l'autre était une tête isolée qui n'avait pas nécessairement de rapport avec le lion. L'erreur d'origine sur le sexe s'était d'autant mieux incrustée dans les mémoires que le lieu où ce félin se trouvait avait été baptisé la chapelle de la Lionne.

À la suite de nos vérifications, nous présentâmes un article pour le bulletin du musée des Antiquités nationales de Saint-Germain-en-Laye (*Antiquités nationales*). Je l'intitulai : « Le grand félin des Trois-Frères sans sexe ni queue. » L'article fut accepté et j'en corrigeai les épreuves comme à l'accoutumée. Lorsqu'il parut et que je reçus le volume, je constatai avec stupéfaction et non sans colère que le titre avait été raccourci et était devenu « Le grand félin des Trois-Frères ». Sexe et queue avaient disparu. Je téléphonai pour protester au conservateur en chef et à la collègue qui s'occupait alors de ces publications. Cette émasculation du titre était dans ce cas bien délibérée. D'un commun accord, mes collègues l'avaient trouvé choquant et ils m'expliquèrent gravement qu'un tel titre aurait pu offenser la sensibilité de certains adhérents de la Société des amis du musée. Avec le recul du temps, je ne vois toujours pas pourquoi…

Le félin de la chapelle de la Lionne fut l'occasion d'une autre manifestation de préjugés à caractère sexuel, mais cette fois dans le domaine du « politiquement correct ».

Je reçus un jour un appel téléphonique du *National Geographic Magazine*. Ils préparaient un grand article sur la vie et l'art au Paléolithique et voulaient un conseil. Ils souhaitaient faire effectuer par un artiste un dessin représentant une véritable scène préhistorique dans une grotte ornée. Pourrais-je leur suggérer un thème ? Je pensai immédiatement à ce fameux félin. Après qu'il eut été gravé, il avait été martelé avec une pierre en divers endroits du corps et de la tête. Les écrasements visibles sur la calcite dure de son support en témoignaient. Si, dans leur article, ils représentaient un magdalénien en train de taper sur l'animal, ils auraient une garantie d'authenticité. Ma suggestion fut acceptée et ils envoyèrent deux personnes, l'artiste pressenti et le chef du service graphique, pour venir voir les lieux et décider s'ils convenaient. Avec Robert Bégouën, nous les accompagnâmes pour leur montrer la gravure et la petite salle où elle se trouvait. Ils prirent force notes et firent des croquis. Ils devaient m'adresser la première esquisse de la scène et je la reçus effectivement quelque temps après.

Certaines modifications me parurent indispensables et je les leur suggérai. Quelques proportions n'avaient pas été respectées : par exemple, le massif stalagmitique sur lequel le lion fut gravé était trop haut, mais surtout, le magdalénien qui tapait sur l'effigie du lion, sorte de sorcier à la tête couronnée de bois de renne, était une jeune magdalénienne, vue de profil, dotée de traits fins et d'une gracieuse poitrine. Je leur fis remarquer qu'ils prenaient ainsi un parti que rien ne démontrait.

Le temps passa. Je reçus un nouvel appel du National Geographic. La responsable m'informa qu'ils avaient apporté la plus grande attention à mes remarques et que, en conséquence, ils avaient sollicité séparément l'avis de trois spécialistes du Paléolithique. Deux s'étaient prononcé(e)s pour la féminisation du personnage ; c'est donc ce qui avait été décidé. Je lui répondis alors qu'il faudrait changer sa coiffure. « Mais pourquoi ? » – « Parce que votre dessinateur a fait porter à l'officiante une ramure de renne, exactement comme le Grand Sorcier qui domine tout le Sanctuaire des Trois-Frères, où se trouvent des centaines de gravures, un peu plus loin dans la même caverne. Il n'a pas fait ce choix fortuitement. Or, ce Sorcier, que l'abbé Breuil appelait aussi "le Dieu cornu", est un homme. » – « Comment pouvez-vous en être certain ? » – « Madame, lui répondis-je gravement, il est doté d'une barbe, d'un pénis et de testicules. Que voulez-vous de plus ? » Elle eut un petit rire et me dit : « C'est effectivement un argument [*you have got a point*]. » Nous en restâmes là.

Quand l'article parut, le dessin y figurait en bonne place. La femme avait été légèrement transformée, en ce sens que la cape qu'elle portait masquait à présent ses seins. Le corps était donc devenu neutre. En revanche, la tête n'avait pas changé. Le résultat était un personnage que l'on pouvait à loisir et selon ses goûts interpréter comme un homme ou comme une femme. Les apparences étaient sauves et l'accusation de machisme était écartée sans trahir la réalité archéologique.

Les empreintes de mains de la Patagonie

En avril 1997, j'avais participé à un congrès international d'art rupestre en Bolivie, à Cochabamba. J'y passai une semaine et j'avoue qu'il m'arriva plusieurs fois de « sécher » les sessions du congrès pour aller rôder dans les ruelles étroites de l'immense marché indigène de la Cancha. Ce marché se développe sur un ou deux kilomètres de long et un demi-kilomètre de large. On y trouve de tout : des montagnes de fruits plus ou moins exotiques, des quartiers artisanaux où l'on vend des articles de cuir ou des couvertures en alpaga, d'autres où l'on peut se faire confectionner un costume sur mesure, des « *comidas* », sortes de restaurants ouverts où cuisent d'étranges nourritures dans d'énormes marmites, et même des objets archéologiques, vrais ou faux. On m'y proposa des pièces anciennes et des outils préhistoriques, que je n'achetai évidemment pas. En revanche, je me laissai tenter par une excellente imitation de fossile en céramique, que le vendeur me certifia, à mon grand amusement, comme un fossile authentique et que j'acquis pour l'équivalent de dix francs. Au cours de ce bref séjour eut lieu, à La Paz, un match de football Argentine-Bolivie. La Bolivie gagna, avantagée – dirent les Argentins – par l'altitude. Cette après-midi-là, toute vie cessa dans la ville.

Les administrations fermèrent, les commerces aussi. Chaque but bolivien fut salué par des pétarades. Un autre jour se déroula une « grève civique », due à un différend sur le problème de la régie de l'eau entre la ville de Cochabamba et le gouvernement central. Toute la ville fut paralysée. Aucune voiture ne put circuler, car des barrages interdisaient tout passage. Cela dura la journée entière.

Pendant ce congrès mémorable, on me demanda de faire une conférence publique sur la grotte Chauvet et de la faire en espagnol. Je m'exécutai, non sans mal. De temps en temps, un collègue m'aidait lorsque des mots me manquaient. Beaucoup d'étudiants étaient présents. Ils rirent souvent de mes bévues. Néanmoins, ils eurent la gentillesse de m'applaudir chaleureusement à la fin, sans aucun doute pour saluer les efforts désespérés que j'avais faits pour m'exprimer dans leur langue.

À la suite de cet exploit, la directrice de l'Instituto de antropología y pensamiento latinoamericano de Buenos

Aires, Diana Rolandi, et son adjointe Mercédes Podestá, me proposèrent de faire un cours, toujours en espagnol, dans la capitale argentine. J'acceptai sans trop y croire. L'année suivante me parvint une invitation officielle : vingt heures de cours à effectuer en une semaine. C'était une gageure mais je fus tenté. Diana me demanda quelles seraient mes conditions financières. Je répondis que je ne désirais aucun salaire, mais que je souhaitais aller voir la Cueva de las Manos, sur le Rio Pinturas, en Patagonie. Depuis longtemps, j'avais entendu parler de ce site mythique où des centaines de mains négatives avaient été découvertes. Je savais qu'il était dans le sud de l'Argentine, sans me rendre compte de l'énormité des distances. Mes conditions furent acceptées et je m'y rendis en avril 1999.

Une collègue de l'Instituto, María Onetto, me servit de guide. Nous prîmes ensemble l'avion pour Comodoro Rivadavia, dans la province de Chubut, à mille huit cents kilomètres au sud de Buenos Aires. Au moment d'atterrir, le commandant de bord nous annonça qu'un avion avait quitté la piste ou s'était crashé – je ne compris pas très bien – et qu'en conséquence l'aéroport était momentanément fermé. Nous étions sur un circuit d'attente et peut-être serait-il nécessaire d'aller atterrir je ne sais trop où, à trois cents kilomètres de là. Cela commençait mal ! Au bout d'une demi-heure d'attente anxieuse, il nous annonça que le feu vert était donné. Ouf ! Nous étions attendus par un jeune homme, Javier, qui ressemblait vaguement à Belmondo. Il devait nous servir de chauffeur jusqu'à Perito Moreno, ville la plus proche du site, à trois cent quatre-vingts kilomètres de Comodoro Rivadavia. Je commençai à prendre physiquement conscience de l'immensité des étendues patagoniques.

Nous suivîmes longuement la côte et ses superbes plages désertes. Je pensai aux îles Malouines, au large, et à l'invraisemblance de cette guerre anglo-argentine qui eut lieu il n'y a pas si longtemps. À Caleta Olivia, petite ville côtière, nous entrâmes dans le domaine du pétrole, matérialisé au centre du *pueblo* par une gigantesque statue blanche, fort laide à mon avis et à celui de mes compagnons de voyage, représentant un *petrolero* (« ouvrier du pétrole »), en train de tourner un volant, l'air inspiré. Nous prîmes alors plein est et, pendant des heures, nous traversâmes des étendues dénudées battues par le vent, à l'herbe rase, occupées à perte de vue par un dense réseau de fils électriques au milieu duquel les « cigognes », comme les appellent poétiquement les Argentins, pompaient inlassablement le pétrole. Rien n'est plus inhumain que ce paysage exploité et dévasté par l'homme, où l'on ne voit rien d'autre que ces mécaniques bizarres, qui paraissent fonctionner par elles-mêmes, hors de tout contrôle, dans un désert artificiel.

La nuit venue, un lièvre traversa la route. Je m'exclamai, à la surprise de mes compagnons pour qui c'était une apparition parfaitement banale. Au cours de ce voyage, je devais voir des dizaines de lièvres. Cet animal, d'origine européenne, est devenu une véritable plaie de la Patagonie depuis son importation. Je rêvai à des civets, en vain car ce gibier trop abondant est apparemment dédaigné par la population locale. À diverses reprises, nous aperçûmes des lièvres écrasés au bord de la route, que nul n'avait pris la peine de ramasser.

Arrivé à Perito Moreno, j'avais l'impression d'être au bout du monde. En fait, le véritable bout du monde, Ushuaia, était encore à mille quatre cents kilomètres plus au sud. Je m'attendais à une ville de pionniers, aux conditions sommaires. De ce point de vue, je fus déçu. J'aurais pu être n'importe où en Europe méridionale, en Italie ou en Espagne.

Une jeune guide, Veronica, nous attendait. Son père, président de l'office du tourisme, vint nous rejoindre à l'issue de notre dîner, pris à l'heure espagnole vers vingt-deux heures trente. Il m'offrit un nécessaire pour boire le maté, la boisson nationale argentine. Pendant les jours qui suivirent, je bus du maté d'innombrables fois. Javier faisait suivre partout le petit récipient, appelé lui aussi *maté*, où l'on mettait l'herbe sur laquelle on versait de l'eau, très chaude mais surtout pas bouillante, me dit-on. Il fallait une bouteille Thermos pour alimenter cette infusion que l'on buvait tant qu'il restait de l'eau chaude. C'est tout un rite. On aspire le liquide au moyen d'une pipette, la *bombilla*, sorte de tuyau décoré à l'embout en argent. Après quelques aspirations, on passe le maté et sa *bombilla* au voisin qui ajoute ou non de l'eau et boit à son tour. Il ne faut pas remercier. Tant que l'on ne dit pas « *Gracias* », le tour se poursuit et l'on continue à vous en offrir. Cette herbe au goût amer fait une infusion désaltérante et ses amateurs en boivent à longueur de journée.

Le lendemain matin, départ à huit heures pour la Cueva de las Manos. Le temps était très beau, en cet automne austral et, pour une fois, il ne faisait pas de vent mais la température était basse, de 2 à 3 °C. Changement de véhicule et de chauffeur. Nous nous entassons tous dans un 4 × 4 car, dès la sortie du village, le goudron cesse. La piste traverse des plaines infinies, couvertes de touffes d'herbes courtes et de buissons d'épineux. Lorsque l'on aperçoit des arbres, c'est qu'il se trouve là une ferme, très isolée. Les arbres, d'essences étrangères à la région, souvent des peupliers, servent à couper le vent. Les propriétés comprennent des dizaines de milliers d'hectares. Quelques vaches, des chevaux, des moutons se voient çà et là. Au fil des kilomètres – cent quatre-vingts entre Perito Moreno et la Cueva de las Manos –, nous apercevons beaucoup de gibier. Les lièvres ubiquistes, mais aussi des troupes de guanacos, sortes d'élégants camélidés au cou élancé et fin, à la robe marron clair, blanche sur le ventre, qui traversent la piste et s'enfuient sur les pentes, puis s'arrêtent et nous regardent. Mes compagnons attirent mon attention sur des oiseaux :

perdrix locales, nandous – des sortes de petites autruches –, choiques, gros oiseaux patauds et véloces. Je sais que les guanacos et les nandous sont peints sur les parois ; c'est une joie profonde que de les voir au naturel, comme les virent les populations de chasseurs auxquelles sont dues les peintures préhistoriques. Au loin se profile une montagne couverte de neige, le San Lorenzo, qui culmine à 3 707 mètres.

La piste descend en lacets vers la vallée qui tranche abruptement sur le moutonnement de la *meseta*. Je dis à Ramos, notre chauffeur, d'arrêter la voiture car, depuis le haut, la vue sur le canyon est à couper le souffle. De hautes falaises dominent un talus abrupt de part et d'autre d'un petit cours d'eau aux rives luxuriantes. Les ombres des grands rochers couvrent une partie de la vallée. Le contraste est frappant avec les paysages désolés que nous avons traversés pendant des heures. La piste s'arrête à une maison moderne. C'est celle du gardien du site, astucieusement bâtie dans un repli du terrain pour ménager l'environnement. Toilettes, boissons, signature du registre. De là part un sentier et en quelques minutes nous sommes à la grotte.

Les raisons pour le choix de ce site comme lieu de culte et de cérémonies sont évidentes. La grotte s'ouvre exactement au milieu du massif, juste au pied d'une falaise d'environ 70 mètres de haut. Elle domine un talus approximativement de même hauteur. C'est une cavité profonde de 24 mètres, à la large entrée car elle mesure 15 mètres de large pour 10 mètres de haut. Elle est donc très apparente dans le paysage. Son environnement immédiat, imposant et spectaculaire, cette bouche d'ombre béante au centre de la montagne, ne pouvaient manquer de susciter l'idée qu'il se trouvait là une porte ouverte sur l'autre monde, un lieu marqué par le sacré et par les forces qui régissent la vie.

De fait, les peintures se trouvent non seulement dans la caverne, où elles sont assez abîmées, surtout sur la paroi gauche la plus exposée, mais en majorité à l'extérieur, immédiatement de part et d'autre de la grotte. C'est une profusion de mains qui s'offrent au regard. Des mains de toutes tailles, d'enfants, d'adultes, d'hommes et de femmes. Parfois des mains peintes, mais le plus souvent des mains négatives, faites au pochoir en appliquant la paume et les doigts contre la paroi et en soufflant de la peinture sur la main, de sorte que l'empreinte apparaisse en négatif sur le fond coloré. Diverses couleurs ont été utilisées, le rouge, le brun, le noir, le blanc, et même le vert et le jaune dans quelques rares cas. Les analyses de mes collègues argentins ont déterminé l'origine locale de ces pigments : oxydes de fer (surtout de l'hématite) pour les rouges, oxydes de manganèse pour les noirs, kaolinite pour les blancs. La plupart sont des mains gauches. Le site a été fréquenté pendant des millénaires, tant et si bien que les mains se recoupent, se superposent, couvrent toutes les surfaces disponibles. Les préhistoriens en ont relevé plus de huit cent trente. Bien d'autres ont dû disparaître sous les nouveaux apports ou en raison de l'effondrement de leur support. En effet, la roche travaille et se délite. Certaines mains sont tronquées, d'autres se trouvent sur des blocs détachés de la paroi. Ce processus destructif est ancien ; on le sait grâce aux fouilles à l'entrée de la grotte. Elles ont permis de mettre au jour un fragment de roche ornée d'une main dans une couche datée de 9 300 ans avant le présent. Les évaluations archéologiques ont montré que ces pratiques rituelles ont duré pendant environ 8 000 ans sur ce site.

Les mains négatives ne constituent pas l'unique thème pictural. Les représentations de guanacos abondent, parfois isolées, souvent dans des scènes. Ce sont des files de guanacos, comme on les voit dans la nature sur une pente herbeuse, peints en jaune, en brun rougeâtre ou en noir, à l'occasion entourés de chasseurs armés de *bolas*, ces redoutables boules de pierre attachées à l'extrémité d'une corde que l'on faisait tournoyer et qui servaient d'armes de jet. D'autres animaux, comme le puma, sont plus rares. Il existe aussi des empreintes négatives de pattes animales, plusieurs de nandous, une possible de puma. Sur la plupart des panneaux ont été figurés ce que nous appellerions, dans les cavernes paléolithiques, des « signes géométriques », nuages de ponctuations rouges, cercles, zigzags. Certains gros points rouges ont été faits à la voûte, à plusieurs mètres de hauteur, hors d'atteinte, peut-être par projection de boulettes d'ocre, à moins que leurs auteurs n'aient utilisé un tampon imbibé de peinture tenu au bout d'une perche.

Toutes ces peintures ont été relevées, décrites, enregistrées par les spécialistes, sous la direction du Pr Carlos Gradín. On sait ce qu'elles représentent, combien il s'y trouve de mains, de guanacos, de personnages et de signes. On connaît les techniques employées, la nature des pigments et, dans certains cas, leurs sources. Des dates ont été obtenues et des styles successifs définis. Bref, il a été répondu aux questions « Quoi ? », « Comment ? », « Quand ? ». Il reste la plus importante : « Pourquoi ? » En effet, aucune information ethnologique n'est parvenue jusqu'à nous. La mémoire de ces pratiques s'est depuis longtemps éteinte et les Indiens présents dans cette région de la Patagonie au moment de la conquête, les Tehuelches, n'en savaient rien ou n'en ont rien dit. C'est un art tout aussi fossile que celui des grottes magdaléniennes de France et d'Espagne. Cela ne doit pas nous dispenser d'essayer de le comprendre.

Avant de venir sur place, j'avais lu quelque part qu'il s'agissait d'un site d'initiation pour les jeunes garçons. Ils auraient apposé leurs mains sur la roche à l'issue de leurs épreuves et rites de passage. C'était une explication simple, logique et confortable, avec des parallèles attestés ailleurs dans le monde, par exemple dans le sud de la Californie. Malheureusement, au vu des documents, cette explication ne tient pas : les mains négatives de la Cueva de las Manos sont de tous les âges et des deux sexes, et bien d'autres thèmes les accompagnent.

Certains collègues argentins ont écrit qu'il s'agissait vraisemblablement d'un site de rassemblement saisonnier – ce que les spécialistes anglo-saxons appellent un « *aggregation-site* » –, où se retrouvaient périodiquement des groupes plus ou moins éloignés, comme le font souvent les chasseurs-collecteurs, pour des fêtes communautaires. Il est normal que, lors de ces événements, se déroulent des cérémonies magico-religieuses. Néanmoins, cette hypothèse, si plausible soit-elle, soulève deux questions. Malgré la profusion des peintures, elles sont très peu nombreuses comparées à la durée de la fréquentation du site, évaluée à 8 000 ans. À supposer que plus de la moitié des peintures eussent disparu, cela ferait un total de 2 000 mains, soit 1 tous les 4 ans... Cela paraît peu vraisemblable. Si rassemblements il y eut, ils devaient avoir lieu à intervalles espacés et très irréguliers. Peindre sur les parois devait être un acte beaucoup plus exceptionnel que ne le laisserait supposer l'abondance des œuvres parvenues jusqu'à nous.

Le deuxième problème est celui de la signification profonde de ces actes. Apposer sa main sur la paroi et la cerner de couleur peut découler de motivations diverses. Ce peut être un geste sans importance, une affirmation élémentaire de la personnalité, un peu comme les graffitis (« je suis passé par là »). Dans le contexte d'un art magico-religieux comme celui-ci, où ces mains sont associées à d'autres représentations complexes, animaux, humains et signes, dans un site très particulier, choisi en fonction d'une grotte ouverte au cœur d'une falaise géante, les chances d'un tel comportement sont quasi inexistantes.

Le plus plausible, à mon sens, serait la volonté de tirer parti d'un lieu chargé de pouvoir, au cours de cérémonies dont nous ne saurons évidemment jamais rien. La main et la peinture qui la couvraient établissaient un lien entre les puissances occultes et l'homme, la femme ou l'enfant qui faisaient le geste. Des circonstances particulières, la maladie par exemple, pouvaient rendre ce rite souhaitable.

Cette hypothèse n'explique pas tout, loin de là. Pourquoi représenter, par la même technique, des pattes de nandou ? Les diverses couleurs avaient-elles une fonction propre ? Étaient-elles associées à des personnages de sexe ou de statut différents ? Quelle était la relation des mains avec les autres motifs auxquels elles sont si souvent associées ? Beaucoup de travail – d'analyse, de réflexion et d'interprétation – reste à faire. Peut-être les comparaisons avec d'autres sites voisins apporteront-elles des éléments de solution ?

En effet, la Cueva de las Manos n'est pas un phénomène isolé. Dès le lendemain, nous devions aller voir un autre site. Avant de nous y rendre, nous sommes revenus pour un dernier regard à la Cueva, cette fois de l'autre côté du canyon d'où l'on domine la vallée, à l'extrême bord d'une vertigineuse falaise à pic. En face, le massif rocheux était au soleil et le noir de la grotte tranchait sur la clarté des parois illuminées. Nous sommes descendus dans le canyon par une pente des plus raides, dans un éboulis, grâce à une large ouverture entre deux pans de falaise, sorte de porte monstrueuse ouvrant sur le site, juste en face de la caverne. Comment ne pas rêver et imaginer que c'était par là que se faisait l'accès à la grotte sacrée ?

Nous partîmes ensuite, toujours en 4 × 4, pour essayer de voir la grotte de Charcamata. Dans l'immensité de la Patagonie, elle était relativement proche, dans un canyon tributaire du Rio Pinturas. Nous n'étions pas certains de pouvoir y accéder. Il fallait d'abord traverser la rivière et l'on nous avait avertis que l'eau avait monté et que le passage serait probablement condamné jusqu'après la fin de l'hiver. Mes compagnons envisagèrent tout naturellement d'y aller à cheval et de franchir la rivière à gué. Je leur dis que je n'étais jamais monté sur cet animal, mais qu'après tout je pouvais essayer. Lorsque j'appris que la chevauchée durerait cinq ou six heures, j'eus quelques doutes et appréhensions. Eux aussi, sans doute, car après réflexion ils changèrent les plans et s'entendirent avec un autochtone qui avait un pick-up 4 × 4 surélevé. Il nous affirma qu'il pourrait vraisemblablement passer, pour la dernière fois de l'année. La traversée fut impressionnante : l'eau arrivait jusqu'au moteur et les vagues soulevées par notre avancée venaient battre contre la falaise que nous longions et refluaient sur l'arrière de notre véhicule. Il me fallut un gros effort de volonté pour faire taire en moi mes craintes instinctives : après tout, cet homme était du pays, c'était sa voiture et il y tenait, il savait ce qu'il faisait... De l'autre côté du *rio*, tous applaudirent, ce qui m'indiqua que je n'avais pas été le seul à ressentir quelque anxiété.

À l'entrée du canyon, que nous allions suivre sur des kilomètres, s'était établie une ferme, à présent abandonnée, protégée par des rideaux de peupliers aux feuilles jaunes d'or en cette fin d'automne. Une grande montagne, évoquant tout à fait un château fort, lui faisait face. On me dit que l'élevage des moutons, jadis florissant, avait été abandonné en raison de la multiplication des pumas qui en massacraient beaucoup, surtout quand la mère élevait les jeunes : elle leur montrait comment égorger leur proie, en en tuant parfois des dizaines en une seule nuit, tout cela à des fins uniquement pédagogiques et non pas pour manger les proies. Sur certaines fermes, on embauchait des *leoneros*, chargés d'éliminer les fauves. Mais maintenant ils étaient protégés, paraît-il.

Nous fîmes la pause pour manger un peu, et nous voilà repartis, d'abord remontant la gorge étroite, puis la quittant pour un chemin en lacets, avant de redescendre dans la vallée profonde et de nous arrêter devant de hautes falaises qu'elle recoupait. À notre arrivée, une troupe de guanacos s'enfuit de leur galop gracieux, le mâle dominant, le chef, un peu en retrait, surveillant les intrus.

Le canyon, au cours tourmenté, serpentait entre une succession de parois déchiquetées qui s'élevaient sur plusieurs plans. Le soleil n'atteignait pas ce fond de vallée, sauf lorsqu'elle s'élargissait, mais les sommets éclataient de lumière et contrastaient fortement avec l'ombre où nous nous déplacions d'un pas rapide à la suite de notre guide, Veronica. Après une bonne demi-heure de marche, nous débouchâmes sur un immense abri, très spectaculaire, de plusieurs dizaines de mètres de large et d'une dizaine de mètres de haut. Bien entendu, c'était là le site de Charcamata.

Son art rupestre me parut très voisin de celui de la Cueva de las Manos, avec une profusion de mains négatives, dont de nombreuses mains d'enfants, rouges, blanches et noires, et les inévitables guanacos dont une troupe extraordinaire de 55 individus peints en blanc. Là aussi se voyaient de multiples signes géométriques, avec de curieuses bandes rouges aux bords irrégulièrement ponctués de tout petits points blancs, quelques autres animaux, nandous et félins, et des humains, dont certaines minuscules silhouettes rouges aux traits blancs sur le crâne (une coiffure de plumes ou une représentation symbolique de pouvoirs psychiques ?). Cet art correspondait à l'une au moins des périodes stylistiques de la Cueva de las Manos. Aidé de Carlos, notre chauffeur, qui tenait le flash en oblique par rapport à la paroi pour lui donner vie et relief, je fis des dizaines de photographies pendant que nos autres compagnons attendaient patiemment.

Un graffiti récent, au beau milieu d'un panneau orné, attira mon attention. On voyait les initiales AQ au centre d'un cercle noir. Il était dû à la dernière famille tehuelche à avoir vécu sur le site, jusqu'en 1940, et il signifiait Almendra Quilchamal. Bien que sans liaison directe avec les peintures, sous lesquelles ces gens vécurent pendant des années, il faisait partie de l'histoire indigène de ces lieux et je fus d'accord avec mes compagnons sur le fait qu'il devait être préservé.

Le retour fut plus lent. Nous vîmes plusieurs autres sites ornés, chaque fois dans un abri ou dans un creux de la paroi. À un certain moment, Veronica, qui menait toujours la marche, me dit : « J'ai deux surprises pour vous. » La première était une belle petite grotte à double concavité, bien exposée ; l'un des abris était à demi fermé par une murette de pierres. Il avait été réutilisé par les Indiens il y avait quelques dizaines d'années à peine. Leurs feux avaient noirci les parois où se voyaient tout de même des séries de mains. La seconde surprise fut la découverte d'un buisson de *calafate* avec encore – malgré la saison avancée – un petit fruit noirâtre qui ressemblait à une prunelle. Selon un dicton local, celui qui en mange revient nécessairement en Patagonie. À l'invitation amicale de mes hôtes, je m'exécutai bien volontiers.

Après avoir retraversé la rivière, cette fois avec moins d'appréhension, nous rendîmes visite, sur notre chemin, à Tiburcio Saihueque, petits-fils d'un grand et célèbre cacique tehuelche. Il vivait seul dans une petite maison à La Buitrera (« le repaire des vautours »), dans la vallée du Rio Pinturas, au sein d'un paysage de pics et de falaises impressionnants de grandeur et de beauté. J'essayai – en vain – d'imaginer ce que devait être sa vie solitaire pendant l'hiver, quand le vent soufflait pendant des semaines et qu'il faisait – 10 °C. Il se déplaçait à cheval, connaissait tous les raccourcis. Il nous fit entrer chez lui, dans une pièce très succinctement meublée, et nous offrit le maté. La coupe, chaque fois re-remplie d'eau chaude, fit trois fois le tour de l'assistance et nous aspirâmes l'un après l'autre à la *bombilla*. Il alla ensuite chercher deux chevaux, car les autres lui avaient dit (les misérables !) que je souhaitais monter. Quand je lui eus précisé mon inexpérience totale, il eut la sagesse de me donner la bête la plus docile. Il n'y avait pas d'étriers et une peau de mouton tenait lieu de selle. Tiburcio me présenta les mains pour m'aider à grimper, ce que je fis maladroitement. Malgré ma méfiance, le cheval ne me joua pas de tours et j'accompagnai María, cavalière émérite, comme beaucoup d'Argentins, dans une promenade sans problèmes. Puis Veronica et Carlos nous remplacèrent et se lancèrent au galop sous l'œil connaisseur et approbateur de notre hôte.

Pendant les longues heures du retour, nous parlâmes de ces sites exceptionnels et de ceux que je n'avais pas pu voir, car ils étaient beaucoup trop loin les uns des autres : Cerro de los Indios, avec d'extraordinaires figures géométriques, la Cueva Grande del Rio Feo, qui présente de fortes ressemblances avec les peintures de Charcamata, avec en particulier une grande troupe de guanacos blancs et des barres rouges piquetées de blanc. Il en existe bien d'autres. Cela me fit regretter la brièveté de mon séjour. Quant à la Cueva de las Manos, il faudrait la revoir à loisir. L'expérience prouve qu'à chaque visite d'un site complexe la perspective change. On voit de nombreux détails qui avaient échappé la première fois, et on les voit d'un œil renouvelé. Il me faudrait revenir, comme m'y invitaient mes compagnons. Pourquoi pas ? Après tout, j'ai bien mangé le fruit du *calafate* !

Des statuettes mystérieuses

Pour beaucoup de gens, les représentations humaines préhistoriques sont synonymes des « Vénus », ces petites statuettes féminines du Paléolithique supérieur qui n'ont, bien entendu, rien à voir avec la déesse romaine de l'Amour. Ce ne sont, pour autant qu'on sache, ni des modèles esthétiques, ni la personnalisation d'une seule femme, à en juger d'après leur diversité. Malgré leur célébrité, elles sont très rares. Depuis un siècle et demi que des fouilles préhistoriques ont lieu, à peine en a-t-on trouvé quelques dizaines, pour la plupart en Russie et en Europe centrale. En France, on en connaît tout juste 34. Et encore, en comptant – un peu indûment – les 15 exemplaires de Grimaldi, sur la côte méditerranéenne, qui en fait sont juste de l'autre côté de la frontière avec l'Italie. C'est dire que la découverte de l'une d'elles est un événement rarissime et une grande joie pour celui à qui elle échoit. J'eus ce bonheur en 1970, et, à peine trois ans plus tard, je découvrais une autre statue féminine, beaucoup plus récente, sur un site néolithique où j'avais entrepris des fouilles. Dans les deux cas, ces trouvailles posèrent des problèmes d'authenticité, à des degrés divers.

Début juillet 1970, je rentrais de Bordeaux dans le Lot, où ma femme et mes enfants étaient en vacances. Plongé dans ma thèse de doctorat sur les dolmens du Quercy, j'y étais allé passer quelques jours chez le Dr Raymond Riquet, spécialiste renommé du Néolithique. En effet, il détenait l'un des deux ou trois exemplaires existants de la thèse non publiée de Claude Burnez sur les mégalithes du Centre-ouest. On disait le plus grand bien – à juste titre – de ce travail inédit dont l'auteur avait courtoisement accepté que je prenne connaissance. Pendant trois jours, j'avais lu son travail avec passion et j'avais pris quantité de notes utiles. J'étais donc ravi de cette incursion bordelaise, malgré la fatigue car j'avais travaillé sans répit pour ne pas abuser de l'hospitalité de mon hôte. Les kilomètres passaient, j'étais encore loin et je décidai de m'arrêter pour dîner au premier restaurant venu, en Dordogne. Il ne payait pas de mine et j'étais le seul client, mais j'y fis un excellent repas du terroir, avec force foie gras, omelette aux truffes et autres. Le restaurateur, assis un peu plus loin à une table, discutait et buvait avec un collègue, apparemment un œnologue. Voyant mon intérêt, ils m'invitèrent à participer à la dégustation d'un monbazillac 1947, sublime. Bref, lorsque je rentrai au foyer, je gardai en mémoire cette halte gastronomique inattendue.

Un ou deux jours après, je reçus un coup de téléphone de Gabriel Maury, vieil ami que j'avais connu au sein du Groupe spéléologique du Quercy, dont je fis partie pendant des années avant d'obliquer définitivement vers la préhistoire. Au cours de ses tournées, il avait découvert, dans le sud de la Dordogne, une station de surface préhistorique, c'est-à-dire un habitat remanié par les labours modernes qui avaient fait apparaître de nombreux silex taillés. Il me proposait d'aller le voir avec deux autres amis spéléologues lotois amateurs de Préhistoire, Guy Astruc – qui fit plus tard une brillante carrière au Bureau des recherches géologiques et minières (BRGM) – et Michel

Carrière, instituteur et naturaliste, avec lequel je devais par la suite faire des fouilles pendant une douzaine d'années. J'acceptai avec enthousiasme et je lui proposai d'en profiter pour aller déjeuner, le dimanche suivant, au restaurant que je venais de découvrir.

Ce matin-là, nous passâmes deux heures à examiner le champ labouré, effectivement très riche en silex. C'était apparemment de l'Aurignacien, vieux d'environ 30 000 ans. Il fut décidé que, dans les prochains jours, j'informerais le directeur des Antiquités préhistoriques de la région Aquitaine, qui était alors le célèbre Pr François Bordes, et que je lui remettrais les objets que nous avions recueillis, pour que lui ou l'un de ses collaborateurs puissent les étudier. Puis nous allâmes déjeuner et ne fûmes pas déçus.

Sur le chemin du retour, notre conducteur, sans doute euphorique et l'esprit moins clair qu'à l'accoutumée, manqua un embranchement et nous pénétrâmes dans la bastide de Monpazier, où nous n'aurions jamais dû aller. En ce dimanche après-midi de début d'été, les rues n'étaient guère fréquentées, mais nous roulions lentement, pensant que nous nous étions égarés et qu'il nous faudrait faire demi-tour. À notre passage devant la boutique d'un bijoutier, Michel remarqua des cristaux dans sa vitrine et il proposa de nous arrêter pour les voir, car il s'intéressait aux belles pierres et aux fossiles. Descendus de voiture, nous nous aperçûmes qu'outre les cristaux, un certain nombre de silex taillés étaient exposés. Il devait s'agir de cette plaie de l'archéologie, un fouilleur clandestin qui vendait le produit de ses rapines, et je me dis que je le signalerais au Pr Bordes en même temps que nos propres découvertes.

À ce moment-là, la porte du magasin – évidemment fermé le dimanche après-midi – s'ouvrit. Par hasard, le propriétaire se trouvait chez lui et il avait pensé que nous étions des clients potentiels. Je décidai de l'interroger un peu : « Vous vendez des silex ? » – « Pas du tout ! Je m'intéresse à l'archéologie. Ce sont les produits de mes prospections et je les mets en vitrine parce qu'ils sont beaux, mais ils ne sont pas à vendre. » Cela me le rendit sympathique et nous nous mîmes à discuter. Je lui dis que j'étais moi-même préhistorien, tout en étant professeur d'anglais, et il me parla de ses trouvailles : « J'ai découvert des bifaces, des haches polies et une Vénus aurignacienne. »

Nous nous regardâmes, souriant quelque peu dans notre incrédulité. Si la découverte de haches polies et même celle de bifaces était banale, il n'en allait pas de même d'une statuette. Il nous était souvent arrivé, à chacun, de rencontrer des personnes qui, en toute bonne foi, croyaient avoir découvert des pierres aménagées en statuettes, alors que rien ne témoignait d'un travail humain sur ces objets que seule une forte imagination pouvait considérer comme des œuvres d'art. C'est toujours un peu délicat, car il faut bien expliquer à notre interlocuteur que son caillou est parfaitement naturel et que son esprit poétique a transformé la banale réalité. Certains le prennent très mal et refusent d'en démordre. Nous demandâmes donc à Élysée Cérou, le bijoutier, de nous montrer ses richesses archéologiques.

Il nous entraîna dans son arrière-boutique où les silex étaient rangés sur des étagères. Parmi eux, sans protection particulière, se trouvait une pierre luisante, longue de 5 à 6 centimètres, qu'il me tendit. Je la pris dans ma main et, à mon immense surprise, je réalisai qu'il s'agissait bien d'une toute petite statuette. Elle était cassée en son milieu et recollée. Je le lui fis remarquer. Il me dit qu'au début il n'avait pas bien vu ce que c'était, un caillou bizarre, tout glaiseux. Il l'avait donc lavé, sans grande précaution, l'avait laissé tomber en le lavant et l'objet s'était cassé. « Mais alors, pourquoi l'avoir ramassé ? » – « Je prospectais un champ à silex où l'on avait creusé un grand trou pour planter un pylône. Sur une des mottes retournées, j'ai vu ce caillou qui luisait. Il m'a paru différent des autres et je l'ai pris par curiosité. »

La figurine représentait une femme nue, sans bras, relativement svelte. La tête, petite, était à peine marquée d'un creux pour les yeux. Les seins, un peu pendants, surplombaient un ventre très bombé. Non seulement elle était enceinte, mais elle avait été sculptée sur le point d'accoucher, car la vulve, très détaillée, était complètement dilatée et hors de proportions avec le reste du corps. Les fesses étaient proéminentes, sans doute parce que la pierre d'origine présentait un relief qui les avait suggérées. Les jambes étaient courtes, avec des pieds nettement indiqués, ce qui est rare pour ce type de figuration.

Ma première impression fut qu'il s'agissait bien d'un objet authentique. Je demandai à Élysée Cérou s'il pouvait me prêter une forte loupe pour l'examiner, ce qu'il fit volontiers. Aucune trace d'un outil récent : tout était patiné de longue date. « Quand avez-vous découvert cette statuette ? » – « Il y a bien six mois. » – « Comment avez-vous pensé qu'il s'agissait d'une Vénus aurignacienne ? » – « J'avais le livre du Pr André Leroi-Gourhan [paru en 1965] et j'ai regardé. Certaines statuettes qui s'y trouvent ressemblent à la mienne. » – « Pouvez-vous me montrer les silex ramassés dans le champ où vous l'avez trouvée ? » – « Bien sûr, les voilà. » Je les examinai. Avec un outillage commun, il y avait quelques nucleus cylindriques comme il s'en rencontre dans le Gravettien, période à laquelle appartiennent la majeure partie des figurines françaises (vers 27 à 25 000 ans avant le présent). Tout concordait. Je fis quelques photographies de l'objet et je dis à Élysée Cérou que j'allais signaler sa découverte au Pr Bordes, qui viendrait sans doute la voir.

De retour dans le Lot, je restai à la fois excité et ravi. Une Vénus ! Qu'allait en dire Bordes ? Je lui écrivis, exposant sobrement la découverte et lui proposant de le rencontrer à

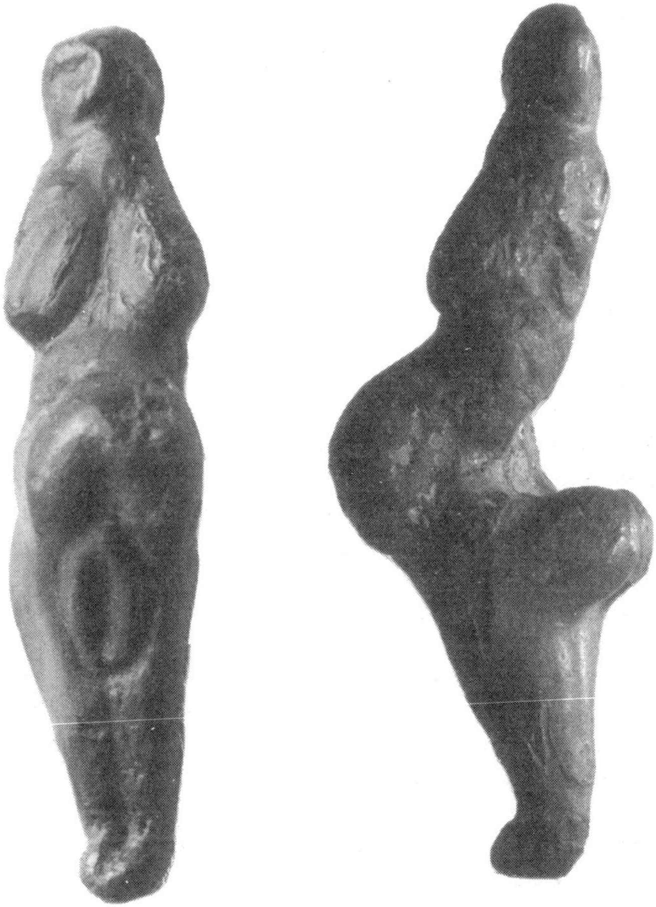

« La Vénus de Montpazier », vue de face et de profil. 5,5 cm.
Photo J. Clottes.

Monpazier pour lui présenter Cérou et sa trouvaille. Il me répondit assez vite, me fixant un rendez-vous auquel je me rendis non sans excitation à l'idée de rencontrer ce « grand patron ». Déception, il n'était pas là ! Jean-Philippe Rigaud, son adjoint, me dit que Bordes était souffrant et qu'il l'avait envoyé à sa place. Rigaud examina la statuette, eut la même réaction positive que moi et demanda à visiter le champ où elle avait été trouvée. Nous nous y rendîmes et y trouvâmes nous-mêmes quelques silex identiques à ceux ramassés par Cérou. Rigaud me dit : « Si vous avez le temps, on pourrait passer chez Bordes, qui est sur son gisement à Carsac, pour lui en parler. » – « Mais il est malade… » – « Ce n'est pas très grave, et la nouvelle lui fera du bien !… » Effectivement, François Bordes était en pleine forme. Il ne montra aucune gêne pour son incrédulité première, très compréhensible au demeurant, et nous convînmes d'un nouveau rendez-vous à Monpazier.

Cette fois, Bordes vint avec deux autres préhistoriens célèbres, sa femme Denise de Sonneville-Bordes et Jacques Tixier. En nous accueillant, Cérou s'adressa à moi : « Vous savez, monsieur Clottes, j'ai failli jeter cet objet. » – « Comment cela ? » – « Eh bien ! quelques jours après votre passage, j'ai eu la visite de X., préhistorien amateur qui habite non loin d'ici et avec lequel j'échange parfois des cristaux et autres pierres. Il me demanda ce que j'avais trouvé récemment et je lui ai parlé de la Vénus et de votre passage. Il me dit : "Voyons ça. Mais, c'est un *lusus naturae*, ça n'a rien de préhistorique. Et ce Clottes vous a dit que c'était une Vénus authentique ? C'est ridicule. Ce caillou est parfaitement naturel !" Je fus consterné et je le crus. Je lui dis que j'allais la jeter, puisqu'elle n'avait pas d'intérêt. Avant de partir, sur le seuil de la porte, il se retourna et me dit : "Écoutez, vous savez que je collectionne les pierres hors du commun. Celle-ci, bien que non préhistorique, est néanmoins curieuse. Je vous l'achète cent francs." Je refusai et ma femme me dit que, puisque vous deviez revenir avec le Pr Bordes, je ne risquerais rien à la garder quelques jours de plus. » À ce moment-là, je vis François Bordes et sa femme, qui connaissaient de longue date ce collègue, échanger un regard de connivence, mais sans dire un mot. Plus tard, ce préhistorien déclara à qui voulait l'entendre que la statuette était un faux. Cérou était bijoutier et il aurait eu la possibilité de la fabriquer avec une pierre à la forme au premier abord suggestive.

Bordes et sa femme me conseillèrent, à ma grande satisfaction, d'écrire un article que je cosignerais avec Élysée Cérou, sur cette découverte. J'empruntai donc la figurine, non sans signer un reçu à son découvreur.

Rentré chez moi, à Foix, je l'examinai minutieusement à la loupe binoculaire, sans trouver la moindre trace qui pourrait laisser supposer qu'elle avait été fabriquée récemment. Ultérieurement, un chercheur américain, Alexander Marshack, devait découvrir d'infimes traces d'ocre dans certains creux, ce qui montrait qu'elle avait été anciennement peinte, comme bon nombre de ses devancières. Cela renforçait son authenticité, qui fut d'ailleurs admise d'emblée par toute la communauté scientifique.

Par prudence, cependant, je la montrai aux préhistoriens les plus éminents de l'époque : Henri Delporte, spécialiste des Vénus depuis qu'il avait lui-même trouvé celle de Tursac ; André Leroi-Gourhan, le grand maître de l'art pariétal ; Lionel Balout, professeur au Muséum national d'histoire naturelle, et, naturellement, au Dr Léon Pales, directeur de recherches au CNRS, qui, depuis des années, était mon mentor, m'assistant de ses conseils et de ses remarques.

Le Dr Pales avait créé un véritable laboratoire dans sa résidence estivale dans l'Ariège, à Montseron. J'allais l'y voir régulièrement et il m'accueillait toujours avec plaisir et amitié. Je lui fis donc part de ma découverte, qui l'intéressa d'autant plus qu'il venait d'écrire un article sur les Vénus pour les actes d'un congrès international récemment tenu en Espagne, à Santander. Comme à son habitude, il ne se prononça qu'après avoir procédé à un long et minutieux examen de l'objet et il conclut lui aussi à son authenticité. Il commenta d'abondance cette découverte, tenant la statuette à la main, avec les gestes coutumiers du méridional qu'il était. Tout d'un coup, à ma consternation, je la vis lui échapper, décrire une courbe et percuter le sol avec un bruit mat d'écrasement.

Je dus pâlir. Lui aussi. Sans un mot, la mort dans l'âme, nous nous accroupîmes pour récupérer les morceaux. La Vénus était tombée sur le pied qui avait été pulvérisé. Nous n'en trouvâmes qu'un fragment minuscule. Quelle catastrophe ! Mais cela aurait pu être pire, car il aurait pu ne plus rien rester de cet objet précieux. Pales, ancien professeur d'anatomie à la faculté de médecine, devint colonel dans l'armée avant d'être directeur de recherches au CNRS, où il était entré à la demande de l'abbé Breuil. C'était un homme fier. Ce jour-là, je le vis humilié et cela me navra autant que sa bévue, car j'éprouvais pour lui respect et affection. Mais il se reprit vite, bien dans sa manière d'homme intègre : « Monsieur Clottes, quand vous publierez cette découverte, vous signalerez ce que j'ai fait ! » Je m'exécutai le moment venu. Il ajouta : « Je ne sais si vous me ferez encore confiance après ce qui s'est passé, mais je puis vous assurer que, si vous me confiez cet objet, dont vous avez des photos, je pourrai refaire le pied à l'identique. » J'acceptai et rentrai chez moi, complètement effondré.

Le lendemain, je lui apportai toutes les photos que j'avais, heureusement assez nombreuses, où l'on voyait la statuette sous tous ses aspects, pied compris. Quelques jours plus tard, Le Dr Pales me téléphona que la restauration était terminée. Effectivement, elle me parut bonne. Par prudence, toutefois, je photographiai encore une fois la statuette dans son état nouveau et comparai les photos agrandies. Ce n'était pas tout à fait ça, le pied était un peu trop grand. Je la lui ramenai et, sans discuter, il recommença jusqu'à ce que le résultat fût quasi parfait.

Élysée Cérou, quand je lui annonçai l'accident et sa suite, réagit moins mal que je ne le craignais. Après tout, il avait lui-même cassé cette malheureuse figurine. Aidé par les conseils du Dr Pales, qui mit ses vastes connaissances et ses informations à ma disposition, je publiai cette découverte et j'associai Cérou à la publication comme convenu. J'essayai de le persuader d'en faire don au Musée de Préhistoire des Eyzies, le plus proche de son lieu d'origine. Il finit par la vendre, à un prix raisonnable, au musée des Antiquités nationales de Saint-Germain-en-Laye, où elle se trouve toujours.

Deux ans plus tard, en 1972, avec mon ami Michel Carrière, j'entrepris des fouilles à Capdenac-le-Haut, dans le Lot. Un site du Néolithique moyen, plus précisément du Chasséen (environ 5 000 ans avant le présent), y avait été découvert en 1969 par un certain M. Rozières, tenancier de café-boîte de nuit (La Roseraie) à Capdenac-Gare. Des travaux avaient eu lieu sur le vaste talus au pied des falaises qui entourent le village de Capdenac-le-Haut, ancien oppidum gallo-romain où certains ont voulu voir Uxellodunum, dernier bastion de la résistance gauloise aux Romains (non, non, Astérix et Obélix n'y étaient pas...). Dans les déblais du chemin tracé au bulldozer se trouvèrent de nombreux fragments de poteries. Cela fit fort justement penser à Rozières qu'il pourrait y avoir un habitat préhistorique plus haut, au droit de la falaise dont, par coïncidence, son beau-frère, Jacques Dournes, était le propriétaire. Il y fit donc un trou et commença à éventrer un authentique gisement préhistorique, ignorant qu'il contrevenait ainsi à la loi. Sa curiosité satisfaite, il s'arrêta vite et en parla.

Un préhistorien lotois, Michel Lorblanchet, fut averti par Rozières lui-même. Il se rendit sur place et constata qu'il y avait bien un habitat néolithique apparemment assez important, susceptible de donner lieu à une fouille dans les règles. Mais, dans un premier temps, propriétaire et découvreur n'y furent pas favorables. Ils souhaitaient obtenir une dérogation qui leur permette de lotir ce site classé, splendide, avec vue imprenable sur le Lot. Ce n'était ni possible ni même envisageable. Ils voulaient aussi constituer sur place un musée privé avec les découvertes archéologiques déjà faites et à venir. Ils firent de multiples démarches, mais en vain. Le temps passa.

En 1971, Michel Lorblanchet me suggéra de prendre l'affaire en mains. Je venais d'être nommé directeur des Antiquités préhistoriques de Midi-Pyrénées (collègue du Pr Bordes !) et je travaillais sur le Néolithique, dans le cadre de ma thèse. J'allai voir les uns et les autres et obtins sans difficulté l'autorisation du propriétaire, qui s'était résigné et voulait d'ailleurs vendre ces terres et la maison qui les surmontait, ce qu'il fit peu après.

En 1973, nous menâmes notre deuxième campagne de fouilles, après celle de l'année précédente qui nous avait permis de reconnaître le gisement, à partir de la tranchée ouverte par Rozières, que nous avions nettoyée, agrandie et approfondie. Cette année, nous allions ouvrir de nouveaux carrés. Au-dessus des couches chasséennes se trouvait une couche superficielle, d'environ 25 à 30 centimètres d'épaisseur, où nous avions trouvé beaucoup de tessons de poteries chasséens, mais aussi quelques-uns de l'âge du Bronze final, du second âge du Fer et même médiévaux. À l'origine, le talus était en pente et, à une époque historique, les paysans l'avaient écrêté sur 90 centimètres de haut pour l'aplanir et constituer une terrasse où planter une vigne. Des traces sur la falaise témoignaient encore de la hauteur primitive des sédiments. Par consé-

La statuette de Capdenac-le-Haut, vue de face et de profil. Hauteur : 27 cm. Dessin de Pierre Laurent.

quent, la couche superficielle actuelle, sans être entièrement homogène, correspondait sans aucun doute à l'un des épisodes de l'occupation chasséenne.

Je mis un jeune stagiaire, Jean-Pierre Giraud, à décaper ce niveau. Au bout de quelques heures de travail, il me dit : « Je crois qu'il y a une meule. » Effectivement, le bloc rocheux qu'il dégageait avec précautions paraissait fait de grès, comme les meules habituelles. Il s'exclama : « Tiens ! ce n'est pas une meule ; ça paraît sculpté ! » – « Arrête, j'arrive. » Je pris sa place, changeai la spatule métallique pour une autre en buis, afin de laisser moins de traces, et procédai à la mise au jour de l'objet.

C'était bien une statue, massive, haute de 27 centimètres, large de 17 centimètres en vue de face et de 25 centimètres en vue de profil. La statue était couchée sur le côté. Sa tête était bien dégagée avec des reliefs pour les yeux et la bouche et une véritable crête sur le haut du crâne. Les seins étaient indiqués par deux gros mamelons. Les bras, ramenés sur l'estomac, se terminaient par des mains à trois doigts.

De quand pouvait-elle bien dater ? J'écrivis à Michel Labrousse, le directeur des Antiquités historiques de Midi-Pyrénées, mon confrère, et il me dit qu'elle n'appartenait ni au Gallo-Romain ni au Moyen Âge. Rien, à la fouille ne nous avait laissé suspecter une supercherie : le sol, couvert de végétation, était bien compact, et le sédiment autour de la statue l'était tout autant, comme purent le constater notre collègue Fernand Champagne et ses fouilleurs, venus nous rendre visite, par hasard, alors que nous étions en train de dégager la statue, ce 11 juillet 1973. Serait-elle donc du Bronze final ou du Néolithique, autres civilisations représentées sur le site ?

Renseignements pris, rien n'évoquait le Bronze final. En revanche, on avait découvert quelques années auparavant, à Lepenski Vir, sur les rives du Danube, aux Portes de Fer, un site pré-Néolithique avec des statues extraordinaires. L'une avait une crête au sommet de la tête, une autre avait trois doigts à chaque main. La ressemblance avec celle de Capdenac-le-Haut était flagrante. Toutefois, Lepenski Vir se trouvait à deux mille kilomètres et surtout avait 1 500 ans de plus. Il pouvait y avoir une influence indirecte, mais le manque de jalons géographiques et temporels était gênant.

La poursuite de nos fouilles conforta l'hypothèse d'une date néolithique pour notre statue. En effet, nous mîmes au jour des meules dans la couche chasséenne profonde parfaitement intacte. Ces meules paraissaient faites dans le même matériau que la statue. J'apportai le tout à l'Institut de Minéralogie de Toulouse, où plusieurs spécialistes, les Prs Capdecomme et Orliac, et leur collaborateur M. Fortuné, s'intéressèrent au problème et procédèrent aux déterminations des roches. Il s'agissait bien des mêmes, une arkose d'origine locale, bien que ne se trouvant pas sur le site de Capdenac-le-Haut. L'un des fragments de meules présentait en outre un ciment barytique identique à celui de la statue, ce qui légitimait l'hypothèse d'une origine commune pour les deux.

Avant de publier notre découverte, nous en fîmes effectuer le moulage par l'atelier du musée des Antiquités nationales à Saint-Germain-en-Laye. Puis, avec l'accord du nouveau propriétaire, Maurice Grégory, nous donnâmes la statue au musée de Cahors. Un moulage fut déposé au musée de Préhistoire de Pech-Merle (Cabrerets) et un autre au syndicat d'initiative de Capdenac-le-Haut. Le propriétaire eut le sien, et moi de même.

Notre statue connut son heure de gloire. Nous fîmes une communication à son sujet au cours du congrès préhistorique de France de Martigues, en 1974. Lors du congrès mondial de l'UISPP (Union internationale des sciences préhistoriques et protohistoriques) à Nice, en 1976, elle figura sur l'une des plus belles affiches. Enfin, en 1979, lorsque j'organisai le prochain congrès préhistorique de France, qui se tint dans le Quercy, l'image de la statue fut le logo officiel du congrès et tous les congressistes furent invités à une réception qui se tint à Capdenac-le-Haut. La photographie de la statue fit même la couverture du livre à succès *La France d'avant la France*, de Jean Guilaine, qui fut publié en 1980.

Vers 1977 ou 1978, l'un des membres de mon équipe, Claude Maurand, qui habitait alors à Capdenac-le-Haut, me rapporta que Rozières disait depuis peu qu'il était l'auteur de la statue. D'après Claude, il aurait été mortifié, en tant que découvreur du gisement, de n'avoir pas été invité aux cérémonies organisées par la municipalité de Cahors lorsque la statue fut donnée au musée de la ville. Je n'y attachai donc pas la moindre importance.

En octobre 1982, un préhistorien aveyronnais connu, Louis Balsan, me contacta. Il était, me dit-il, très ennuyé de m'apporter une mauvaise nouvelle. La statue de Capdenac-le-Haut était un faux. Il en aurait bientôt la preuve. Je lui répondis, et confirmai mes propos par lettre, que « je doutais fort, quant à moi, étant donné les circonstances de la découverte, qu'il s'agisse d'un faux, même si la couche où la statue a été trouvée n'était pas entièrement homogène », et j'ajoutais que « des preuves irréfutables [étaient] indispensables » (lettre du 13/10/1982).

Les doutes que m'inspirait l'hypothèse du faux se fondaient sur trois séries de constatations :

1) L'identité du matériau (arkose avec ciment barytique) avec une meule située à la base de la couche chasséenne. Cela signifiait que, si c'était un faux, il avait fallu que, par un hasard quasi miraculeux, le faussaire se fût approvisionné en matière première à l'endroit précis où les Chasséens choisissaient leurs meules 5 000 ans plus tôt.

2) Au moment de la fouille, nous l'avons vu, l'emplacement où fut trouvée la statue nous avait paru strictement

identique au reste du terrain, aussi compact et pourvu de la même végétation superficielle, sans traces de travaux récents décelables, ni en surface ni au sein de la couche.

3) Enfin, la statue elle-même ne portait aucune trace d'outil. À ce propos, malgré toutes les précautions prises, dont l'usage de spatules en bois, nos propres outils de fouille laissèrent quelques éraflures indélébiles dans les creux.

Tous ces éléments avaient été exposés dans l'article que Michel Carrière et moi-même avions publié sur cette découverte. C'est donc le cœur serein que j'attendis la suite des événements et les preuves promises, auxquelles d'ailleurs je ne croyais guère. En effet, j'eus bien quelques nouvelles supplémentaires de Louis Balsan, mais de preuves point.

D'après ce que j'appris, un de ses amis, Gilbert Bou, attendant le train en compagnie du fils de Rozières, fut stupéfait lorsque celui-ci lui déclara, en lui montrant en vitrine le livre de Jean Guilaine où la statue de Capdenac-le-Haut faisait la couverture : « Tiens, c'est la statue de mon père. » – « Mais non ; lui dit l'autre, c'est la déesse néolithique de Capdenac-le-Haut. » – « Oui, mais c'est mon père qui l'a fabriquée. »

Bou et Balsan s'efforcèrent d'obtenir d'autres renseignements et les preuves demandées. Mais Rozières était décédé entre-temps. S'il avait bien dit à ses proches qu'il était l'auteur de la statue, personne ne l'avait vu la fabriquer. Il aurait fait cette blague, d'après Louis Balsan, parce qu'il n'aimait pas Michel Lorblanchet et qu'il voulait lui jouer un tour, pensant que ce serait lui qui effectuerait des fouilles sur les lieux.

Rien de cela n'était impossible, d'autant que les découvertes de Lepenski Vir avaient été faites quelques années auparavant et avaient donné lieu à des publications dont Rozières, peintre et sculpteur amateur à ses heures, aurait pu avoir connaissance. Bou et Balsan furent intimement convaincus du faux et la suspicion sur la statue commença à se répandre. En 1989, il y eut même une émission sur FR3 Toulouse et quelques entrefilets dans la presse locale et nationale sur le problème de l'authenticité de la statue. Mme Rozières fut interrogée et, en réponse à la question du journaliste, déclara que son mari adorait faire des blagues et qu'il eût été tout à fait capable de faire un faux. Mais elle ajouta qu'il aurait tout aussi bien pu plaisanter et dire que c'était lui l'auteur de la sculpture alors que ce n'était pas vrai.

Dans ces conditions, les déclarations de Rozières à sa famille sont-elles suffisantes pour emporter définitivement la conviction ? Je ne le pense toujours pas, car trop d'obscurités et d'incohérences demeurent.

1) À supposer que Rozières soit le faussaire, pourquoi n'avoir rien dit ni rien fait lorsqu'il fut avéré que ce n'était pas Michel Lorblanchet qui effectuait les fouilles mais Michel Carrière et moi-même avec qui il avait d'excellentes relations (il vint plusieurs fois nous rendre visite sur le chantier) ? Il aurait pu déterrer la statue anonymement en dehors des périodes de fouilles ; ou encore nous avertir après la première campagne ; ou bien, après la découverte, venir nous dire qu'il nous avait bien eus…

2) Pourquoi, dans la même hypothèse, personne ne l'a-t-il vu confectionner l'objet ? Et surtout, pourquoi ne pas avoir pris l'élémentaire précaution d'en faire quelques photographies chez lui, ou d'avoir un ou des témoins (ou des photographies) au moment de son enfouissement ?

À peu près à la même époque où ces questions se posèrent, c'est-à-dire dans les années 1980, une « affaire de faux » éclata en Espagne, où elle connut un grand retentissement. À Peña Rubia de Cehegin (Murcie), quelques figures peintes en rouge furent découvertes dans de petites grottes néolithiques, avec gisements et sépultures. Les autorités locales firent fermer le site pour le protéger. Mais voilà qu'un peintre du voisinage déclara publiquement avoir peint lui-même ces œuvres quelques années auparavant. Scandale et polémiques ! L'opposition politique fit valoir que les autorités en place avaient dilapidé les deniers publics... La presse donna un large écho à ces rebondissements et une commission scientifique fut nommée sous la présidence du Pr Antonio Beltrán, spécialiste unanimement respecté. Une enquête fut menée. Tous, géologues, préhistoriens, etc. furent d'avis que rien, hormis les dires du prétendu faussaire, ne permettait de croire que les peintures de Cehegin n'étaient pas authentiques. L'individu fut soumis à un interrogatoire serré, devant la presse. Il se contredit abondamment et finit par reconnaître avoir menti, pour faire une blague et pour se valoriser. Les peintures étaient bien préhistoriques.

Cette anecdote ne signifie aucunement, à l'évidence, que Rozières doive *de facto* être considéré comme un fabulateur. Simplement, l'histoire de Cehegin montre que – comme dans d'autres domaines – certaines découvertes préhistoriques peuvent susciter bien des fantasmes et que l'on ne peut pas accepter pour argent comptant des « aveux » non étayés par des preuves solides.

Plus d'un quart de siècle après la découverte de la statue de Capdenac-le-Haut, le mystère demeure donc entier. C'est pourquoi, lorsqu'en 1989 eut lieu au Grand Palais, à Paris, une exposition retraçant « Trente années d'archéologie française », je déclinai la proposition d'y exposer cet objet, puisqu'on ne pouvait être certain à cent pour cent de son authenticité. Tout bien considéré, les arguments en sa faveur paraissent dominer largement. Mais sait-on jamais ? En tant qu'archéologue, ce qui me trouble et me gêne le plus, c'est l'absence d'autre découverte du même type dans le Chasséen ou le Néolithique ancien, au bout de tant d'années et après tant de fouilles. Si cette statue témoigne, comme il le semble, d'influences de Lepenski Vir, on devrait trouver un jour des jalons chronologiques et/ou géographiques. Tant que ce ne sera pas le cas, le doute restera de rigueur.

Les grandes girafes de Dabous (Niger). Photo J. Clottes.

Les grandes girafes du Niger

La nuit allait bientôt tomber. Il fallait s'arrêter et installer le camp. Notre chef d'expédition, David Coulson, de Nairobi, décida d'abandonner provisoirement nos recherches. On passerait la nuit ici même et on les reprendrait au matin. Chacun choisit un tapis mousse et s'éloigna de quelques centaines de mètres, pour trouver un lieu abrité et plat, dépourvu de pierres et d'épineux, où étaler son mince matelas et son sac de couchage. La place ne manque pas dans le désert... Pendant ce temps, nos accompagnateurs faisaient le feu, dressaient une table et préparaient le repas du soir.

Ma femme et moi étions venus dans l'Aïr, au Niger, pour accompagner une expédition du Trust for African Rock Art (TARA), organisation dont je faisais partie en tant que conseiller. Nous devions visiter plusieurs grands sites d'art rupestre dans cette région méconnue, sous la conduite de guides touaregs, dont Sidi, notre chauffeur, et de Richard Graille, un Français résidant depuis longtemps à Agadez. Pour cette occasion, ils travaillaient pour un organisateur de voyages italien, Pier Paolo. Nous étions partis avec trois véhicules 4 × 4, et nos guides nous avaient proposé de voir « les grandes girafes ». Les autres participants n'en avaient jamais encore entendu parler. Ce soir-là, la chance n'était pas avec nous. Nous les avions cherchées pendant des heures sans les trouver, examinant l'une après l'autre de petites collines de grès sombre qui se ressemblaient toutes.

Après le repas, nous rejoignons nos matelas. Ma femme est quelque peu inquiète : « Et s'il y avait des serpents ? » En effet, on dort à même le sol, sans tente ni lit. « Mais non, nous sommes fin novembre, et à cette époque on m'a dit qu'ils hibernaient. Aucun risque, donc. » Nous nous préparons pour la nuit. À ce moment, nous entendons Janet, l'une des membres du groupe, elle aussi de Nairobi, qui appelle : « David, David. » Elle reprend : « David, il y a un gros serpent près de mon sac de couchage. Je crois que c'est une vipère… » Tous se précipitent. Les Touaregs sont les premiers, avec des pelles, et tuent l'animal. Ils détestent les serpents. C'était bien une grosse vipère, lovée dans le sable, que Janet avait eu la chance d'apercevoir dans le halo de sa lampe. Après cela, nous prîmes grand soin de secouer notre sac de couchage et de vider nos chaussures avant chaque usage. Quelques jours plus tard, alors que nous étions en un tout autre endroit, Janet repéra dans le sable fin les marques indiscutables d'un serpent – une autre vipère – qui, pendant la nuit, était passé à deux mètres d'elle. Nous la plaisantâmes sur ses affinités avec les reptiles.

Dès le lever du jour, les Touaregs s'orientent vers la colline où doivent se trouver les girafes et, cette fois, ils vont droit au but. Pendant que mes compagnons grimpent sur le monticule rocheux, j'en examine les parois et je découvre de nombreuses gravures d'animaux (autruches et girafes) et d'humains. Je sors mes appareils, bien emballés pour les mettre à l'abri du sable, et commence à peine à les photographier et à prendre des notes quand les autres me font signe de venir. Je leur crie que j'irai dès que j'aurai fini. Renée, qui les a rejoints, insiste : « Non, non, viens voir, c'est extraordinaire ! » Pestant par-devers moi, car j'aime bien procéder méthodiquement, à ma guise, et je déteste interrompre un travail en cours, je range mes appareils et j'y vais.

Quelle surprise ! Ils ont bien raison, ces girafes sont extraordinaires. Elles ont été gravées dans une vaste dépression naturelle au sommet du pointement rocheux. Sans aucun doute, les reliefs qui les entourent les ont protégées des vents de sable violents et ont assuré leur pérennité. Je suis abasourdi par leur taille. Rien à voir avec les gravures qui m'avaient précédemment arrêté, ni par les dimensions, ni par les techniques, ni par l'époque de leur réalisation. Elles sont énormes et leurs proportions sont parfaites. La plus grande, un mâle, doit être aussi haute qu'une girafe vivante. Je descends la mesurer : elle fait exactement 5,40 mètres. Plus tard, j'apprendrai qu'une girafe mâle adulte mesure approximativement 5 mètres !...

Les mêmes techniques ont été utilisées pour ces deux animaux, qui paraissent se suivre, la plus petite, une femelle, derrière l'autre. Les contours du corps sont gravés profondément, en tracés larges. Il en est de même pour la crinière, à chaque fois traitée en courts traits parallèles, perpendiculaires à la ligne du cou. En revanche, l'intérieur de la tête de la « grande » est entièrement raclée, et les ocelles dont le corps des girafes est parsemé sont matérialisées par la technique du bas-relief. Ces œuvres d'art rupestre comptent sans aucun doute parmi les plus remarquables qu'il m'ait été donné de voir.

D'autres gravures, postérieures, entourent les animaux. Elles sont beaucoup plus frustes d'aspect. Nous voyons aussi des tiffinars, ces écritures touaregs si particulières, qui peuvent – paraît-il – se lire dans tous les sens, de gauche à droite, de droite à gauche, de haut en bas et de bas en haut, ce qui permet des multitudes de sens et de nuances.

Mais quelle est cette longue ligne onduleuse qui sort de la bouche de la grande girafe ? À son extrémité, une figure humaine, ridiculement petite par rapport à l'animal. Même constatation pour la femelle : là aussi, un trait ondulé joint la bête à un homme. Ce thème a déjà été signalé à maintes reprises dans le Sahara. Certains chercheurs pensent qu'il pourrait témoigner d'une domestication ancienne des girafes. Nous en discutons. David et son ami Alec Campbell, spécialiste d'art rupestre du Botswana, avec lequel il mène ses recherches dans toute l'Afrique, ne le pensent pas, et d'ailleurs moi non plus. Après tout, si les girafes avaient été domestiquées, ça se saurait, et je ne vois guère d'exemples d'animaux qui, après l'avoir été, seraient redevenus sauvages et dont la domestication se serait « perdue ». Ne pourrait-il plutôt s'agir d'une relation de type symbolique entre l'homme et la girafe ?

Quant à l'âge de ces œuvres, pour eux elles seraient néolithiques et pourraient avoir de 6 à 8 000 ans. Il est vrai qu'elles tranchent sur tout ce qui les entoure, mais il n'est pas possible d'avoir une certitude à cet égard.

Quoi qu'il en soit, nous passons beaucoup de temps à les photographier et nous attendons même pendant plusieurs heures que le soleil, dans son déplacement, ait éliminé quelques ombres gênantes. Nous remarquons qu'un morceau de la robe de l'un des animaux a disparu, là où l'une des ponctuations a sauté. Sur le plus petit, un gros fragment – d'environ 40 centimètres × 40 centimètres – est détaché. Il suffirait d'un rien pour que lui aussi disparût. C'est donc que ces superbes sculptures se dégradent. Les animaux et les gens doivent marcher dessus. Qui sait si elles ne seront pas bientôt vandalisées ? Nous décidons de ne pas révéler leur emplacement exact. Plaisantant à demi en raison de l'énormité et des difficultés de l'entreprise, je dis qu'il serait bien d'en faire un moulage, afin de les pérenniser. L'idée, on le verra, fera son chemin.

Nous poursuivons notre route, si l'on peut dire dans ce milieu où, le plus souvent, il n'existe même pas de véritable piste, mais d'innombrables traces de véhicules que le vent de sable effacera peut-être. Nous visitons d'immenses stations d'art rupestre, avec des milliers de gravures, pour la plupart attribuables à ce que les spécialistes appellent assez curieusement « l'étage du guerrier libyen », et qui datent du premier millénaire avant notre ère. Des animaux, dont des rhinocéros et des éléphants, mais surtout des girafes et des autruches, voisinent avec de nombreux hommes, hiératiques, armés de lances. Les gravures de chameaux sont plus tardives.

Un jour, en quittant l'un de ces sites qui s'étendent sur des kilomètres, celui de Mammanet, nous voyons de loin des représentations qui paraissent peintes en noir et en blanc. Il faut grimper sur une dune pour approcher de la falaise où elles se trouvent. Quand nous sommes tout près, en équilibre instable, nous nous apercevons qu'il s'agit de gravures et de sculptures anciennes, très belles, représentant de grands personnages, dont l'intérieur a été coloré avec du charbon pour le noir et avec une sorte de pierre tendre, ou à surface altérée, pour le blanc. Au pied du panneau orné, je ramasse un fragment d'un de ces crayons naturels, qui porte le poli et les stries d'usage. Le résultat de ces ravivages est spectaculaire, mais nous déplorons le vandalisme. Plus loin, nous voyons d'autres réfections du même genre, plus discrètes et dans un lieu plus écarté. Nos compagnons pensent que ce seraient des Touaregs locaux qui auraient ainsi rafraîchi ces œuvres. Je n'ai pas pu savoir s'il s'agissait d'une persistance – ou d'une renaissance – de rites associés aux gravures rupestres, ou d'un véritable acte de vandalisme, par exemple pour permettre à des touristes de faire de belles photographies.

Outre ma femme et moi, notre groupe de sept visiteurs comprend David et Alec, déjà mentionnés, la femme de ce dernier, Judy, plus Janet et Joan, du Kenya. Nous avons six accompagnateurs, les deux chauffeurs (Sidi et Chaffirou), le cuisinier Aboubakar, un aide, Ahmed, et les cadres européens Richard et Pier Paolo.

Chaque véhicule – le troisième est conduit par Richard – suit son propre chemin pour éviter les nuages de poussière du précédent. Celui de tête est conduit par Chaffirou, au grand dam de notre chauffeur Sidi qui, dit-il, connaît beaucoup mieux que lui cette région qui est la sienne et où il a passé plusieurs années « dans le maquis », au moment de la rébellion depuis peu terminée. Ce sont de folles courses, à toute allure, dans le sable encore peu épais des vastes plaines qui précèdent le Ténéré. Renée, cahotée et peu rassurée, dit gentiment à Sidi, après une embardée particulièrement violente, qu'elle souffre de maux de dos. Dorénavant, il fera des efforts méritoires pour nous ménager un peu, sans cesser de râler contre Chaffirou qui, d'après lui, fait de mauvais choix d'itinéraires.

Le véhicule de tête s'arrête sur une dune. Sidi fait mine de foncer dessus et, au dernier moment, il braque pour se ranger parallèlement à l'autre voiture. Mais les roues chassent dans le sable mou et il percute l'aile qu'il enfonce. Un accident de la circulation dans le Sahara, en plein désert ! Consternation et vérification des dégâts. Ouf ! Aucun des véhicules n'est immobilisé, cela se limite à des tôles enfoncées et à des phares cassés. Toutefois, c'est une catastrophe pour notre chauffeur qui a ainsi gaspillé d'un coup – et au-delà – tout le bénéfice de ces deux semaines de voyage, sans parler du plus important : il a perdu la face.

Le soir, au dîner, il ne mangera pas avec les autres et ira s'asseoir près de sa voiture, dans le noir. Renée s'en aperçoit et me dit : « Va lui parler. Ne le laisse pas seul. » Au cours de ces interminables randonnées, nous avons beaucoup discuté avec lui. Il nous a raconté sa vie, son amour du désert, les mois qu'il passe chaque année à nomadiser avec sa famille, ses années de rébellion, les brimades et les rêves qui ont inspiré son combat. C'est un garçon attachant, de 35 à 38 ans, il ne le sait pas exactement : comme il dit, il n'y a pas de bureau d'état civil dans le désert où il est né. Intelligent, il a beaucoup lu et réfléchi, car, exceptionnellement, il est allé à l'école. Il a l'âge de nos enfants. Il a perçu notre sympathie et nous la rend bien. Dès la fin du repas, je m'éclipse discrètement et vais le rejoindre. Je m'assois à côté de lui dans le noir, sans un mot. Au bout d'un moment, je lui dis : « Sidi, je pourrais être ton père et je vais te parler comme un père. Je sais ce que tu ressens, tu es triste et en colère contre toi-même. C'est sûr que tu as fait une connerie. Mais tu es un homme, et un homme apprend avec chacune de ses bêtises. Nous en faisons tous. Celle-là t'apprendra à te dominer la prochaine fois. » Il continue à râler : « C'est la faute de l'autre. Tu sais, je suis un excellent conducteur. » Il déverse sa colère et finit par se calmer peu à peu. Nous parlons longtemps sous les étoiles si lumineuses du Sahara, dans la fraîcheur de la nuit. Notre amitié est née là. À la fin de l'expédition, il nous fit l'honneur de nous inviter chez lui, Renée et moi, pour un repas de fête organisé pour nous et quelques amis touaregs.

Les journées de désert se succèdent, coupées par la pause de midi. Chaque fois que nous le pouvons, nous cherchons l'ombre d'un arbre. Quand il n'y en a pas, nous tendons une bâche entre deux voitures. Corvée de bois : nous ramassons des branches mortes dès que nous en trouvons et nous en faisons une provision pour les journées à venir dans les dunes arides. Le repas, léger, débute immanquablement par la soupe, de l'eau bouillante très salée, dans laquelle nous écrasons un cube de bouillon et une gousse d'ail, avant d'y tremper des morceaux de pain dur comme un caillou, car toute humidité a depuis longtemps disparu. Nous apprécions le liquide désaltérant et le sel.

Le soir, avant de manger, c'est le rite de l'apéritif, pendant que nos accompagnateurs s'affairent. Je suis gêné par cette ségrégation de fait et j'en ai un peu honte, car, lors des repas, « Blancs » et « Noirs » mangent à part. Du coup, chaque fois que je le peux, à la fin du repas, je rejoins nos compagnons et, accroupi sur le sol, je prends le thé avec eux. Très important, le thé. On bourre la minuscule théière de thé vert et on le fait longuement bouillir sur les braises du petit feu de bois. On ajoute autant de morceaux de sucre que la théière peut en contenir. Il est maintenant prêt et Sidi m'en verse une rasade en tenant la théière à bout de bras pour oxygéner le breuvage, loin du petit verre qu'il remplit sans répandre une seule goutte. Richard, qui est notre mentor, m'a dit que, par politesse, il fallait toujours prendre une deuxième tasse de ce thé fort et très sucré, voire une troisième, car sinon cela signifierait qu'on ne l'a pas aimé. La théière se remplit plusieurs fois et le thé change de goût. Selon un dicton touareg, le premier thé est amer comme la vie, le deuxième doux comme l'amour, le troisième léger comme le dernier souffle de vie et le quatrième ne vaut pas la peine de gâcher du sucre… Quoi qu'il en soit, énergétique et hydratant, c'est la boisson de base. Sidi nous révèle qu'il n'a survécu dans le désert, à plusieurs reprises, que parce qu'il lui restait du thé alors qu'il n'avait rien d'autre.

Un soir, un homme s'approche du campement. On se salue et il s'accroupit pour qu'on lui serve du thé, sans parler. C'est normal. C'est l'hospitalité naturelle du désert. Le lendemain matin, à l'aube, il revient. Cette fois, il porte du lait de chamelle dans une boîte. Je suis avec les Touaregs et il m'offre son lait, mon tour venu. Pas bouilli, bien sûr. Impossible de refuser. Je le bois en pensant aux microbes. *Inch Allah !…* Il a un goût fort, comme du lait de chèvre.

Nous eûmes aussi la visite occasionnelle de femmes et d'enfants qui semblaient surgir de nulle part. Ils venaient essayer de nous vendre de la pacotille, des bijoux en métal argenté, de petites sculptures maladroites en pierre tendre et surtout d'authentiques pointes de flèches en silex. Richard nous conseilla d'acheter ce que nous pouvions, sans marchander, car ces gens fiers et souriants étaient dénués de tout et avaient besoin de notre aide. Ils vivent de mil, qu'ils doivent acheter, et du lait de leurs chamelles. Le préhistorien que je suis ne put se résoudre à acheter des pointes de flèches, mais je leur pris des bracelets pour mes petites-filles et une jolie sculpture d'oiseau.

Les sites préhistoriques de surface abondent dans cette région du Ténéré. Nous en traversâmes un grand nombre. Ils s'étendent parfois sur plusieurs kilomètres de long et sur un à deux kilomètres de large. À perte de vue, le sol est jonché d'éclats de silex, de chailles ou d'autres roches compactes taillées, de tessons de poteries, de meules à grain abandonnées. Lors d'un arrêt, près d'une tombe ancienne, je comptai plus de soixante de ces grosses meules. Pendant la traversée d'un de ces sites, Sidi fit un brusque demi-tour, pila et ramassa sur le sol une hache polie entière qu'il avait aperçue en conduisant. Elle était énorme : au moins 25 centimètres de long et elle devait bien peser 1,5 kilo. Il voulut me la donner, mais je refusai et je dus lui expliquer qu'un préhistorien professionnel ne pouvait pas rapporter ainsi des objets antiques sortis de leur contexte archéologique. Quand nous fûmes dans les dunes du Ténéré, chaque fois que nous choisissions un emplacement pour dormir, je constatai qu'il s'y trouvait toujours des vestiges néolithiques, surtout des tessons de poteries et des éclats de pierres taillées, qu'il fallait balayer avant de poser son tapis mousse sur le sol. Pour échapper au vent de la nuit, nous nous rendions systématiquement dans les creux des dunes, et il était évident que, depuis des temps immémoriaux, bien des voyageurs préhistoriques nous y avaient précédés et avaient eu les mêmes réflexes pour s'abriter.

Avant de partir pour ce voyage saharien, Renée et moi craignions un peu d'être déçus. Nous avions tant entendu parler de la « magie du désert » que ce cliché nous avait mis sur nos gardes. Mais non, tout cela est vrai. Les grandes dunes, qui s'étendent sur des centaines de kilomètres, sont bien comme des vagues de sable immobilisées dans leur conquête de l'Aïr, contre lequel elles viennent buter. Nous verrons des arbres isolés, à demi submergés par le sable et d'autres qui le seront bientôt. Quand, en fin de jour, après quels efforts sous le soleil, nous atteignons le sommet d'une dune plus haute que les autres, nous voyons ce paysage inhumain, tout fait de courbes soulignées d'ombres, changer d'une minute à l'autre avec la lumière du couchant. David en profite pour multiplier les photos, il court d'une dune à l'autre et ne revient qu'à la nuit. Les traces dans le sable sont fascinantes. On y lit parfaitement le périple d'un insecte qui a dessiné des arabesques à partir de son trou.

Dans ces dunes, dont l'emplacement peut changer d'année en année, les voitures se suivent prudemment. On cherche le passage. Souvent, il faut rebrousser chemin devant un abrupt imprévu. Nous passerons une matinée entière, épuisante, pour faire à peine quelques kilomètres et sortir du piège, alors que les montagnes sombres où nous allons sont bien visibles, à portée de main semble-t-il. Malgré leurs quatre roues motrices, les véhicules s'ensablent. Il faut alors détacher les tôles vissées au toit pour les glisser sous les roues, après avoir enlevé des quantités de ce sable fluide et envahissant. On pousse. Ça y est, on repart. On revisse les tôles, jusqu'au prochain ensablage. À un moment, nous nous arrêtons. Richard ne suit plus. Après quelques instants, nous revenons sur nos pas. Le voilà, en dangereuse posture. Parvenu au sommet d'une dune avec l'élan, il a vu trop tard la pente extrêmement abrupte de l'autre côté, et la voiture est restée perchée en équilibre sur le ventre, les roues balançant dans le vide. Tous à la rescousse, on tire, on pousse et nous voilà repartis.

De retour dans les montagnes, nous allons d'un site à gravures à un autre. Arakao, Tizirzek. Les roches gravées sont bien localisées. Nous passerons près de nombreux amas rocheux qui eussent convenu tout autant et qui n'ont jamais été utilisés. Sans doute, les œuvres ont-elles été réalisées à l'occasion de fêtes et de cérémonies lors de rassemblements, peut-être saisonniers. Les Touaregs que nous rencontrons n'en savent rien. Tout souvenir de cet art préhistorique a depuis longtemps disparu.

En route, notre groupe se scinde. Sidi et Pier Paolo doivent rentrer à Agadez pour des problèmes d'organisation concernant un prochain voyage. Nous nous entassons dans les deux voitures restantes et allons à Iferouane, une oasis dans le nord. Sidi nous manque. Les traces de roues dans le sable deviennent de plus en plus nombreuses. Soudain, en plein désert, nous apercevons un poteau indicateur avec un signe blanc et rouge de sens interdit. C'est complètement incongru et nous en prenons des photos en riant. Toutefois, Richard, qui connaît bien le pays, nous dit qu'au lieu d'aller tout droit, nous allons nous détourner de quelques centaines de mètres sur la gauche. Voilà les premières maisons. Nous nous dirigeons vers le poste de police, car il faut faire viser notre permis de circulation partout où nous passons. Retour à la « civilisation » ! Trois ou quatre soldats armés de kalachnikovs sortent en gesticulant. Ils ne sont pas contents. « Vous êtes passés par le sens interdit ! » – « Mais non, on est passé à gauche. » – « Il fallait passer à droite ! » Nous sommes partagés entre l'inquiétude, qui va bientôt l'emporter, et l'envie de rire. Ils fouillent les voitures. Non, nous n'avons pas d'armes. Ils examinent nos papiers. « Il y a marqué que vous êtes à trois véhicules et vous n'êtes que deux ! » C'est louche. Nous avons beau nous expliquer, nous sommes devenus suspects. « Passeports ! ». Ma femme et moi tendons les nôtres. Horreur ! Nos compagnons ont laissé les leurs à Agadez, car ils attendent des visas pour se rendre ensuite en Algérie. C'est d'ailleurs pour régler ces problèmes que Pier Paolo et Sidi nous ont quittés. Du coup, les soldats nous confisquent nos passeports et nous sommes informés, au bout d'une longue attente, que, jusqu'à nouvel ordre, nous ne sommes pas autorisés à quitter Iferouane. Je commence à être inquiet, car notre retour sur Niamey et Paris est prévu le surlendemain et il n'y a pas de liaisons aériennes tous les jours entre les deux capitales.

En attendant, nous allons voir des gravures rupestres, très belles d'ailleurs, au bord de l'oasis. Les gens affluent pour nous voir et essayer de nous vendre quelques objets. Les gosses quémandent : « Cadeau, cadeau… » Les conditions sont très différentes de celles que nous avons connues dans le désert. Ici, nous côtoyons la misère et la maladie. Une femme d'une vingtaine d'années apporte son enfant malade à Renée. Elle ne parle pas français et lui tend le gosse d'un geste qui signifie à l'évidence : « Tu es d'un autre monde, tu es riche et puissante, guéris-le. » L'enfant, de 1 ou 2 ans à peine, a le visage couvert de mouches. Il a de la fièvre et des yeux pleins de pus. Nous n'avons rien pour le soigner. Nous avons depuis longtemps distribué nos derniers comprimés d'aspirine. Renée a une idée. Elle prend des lingettes démaquillantes et lui nettoie les yeux. Elle montre à la femme comment faire et lui donne celles qui restent. La femme sourit, les prend avec reconnaissance et s'en va, comme si nous avions guéri son petit. Nous sommes frustrés et honteux. Si nous revenons, cette fois, nous apporterons des tas de médicaments.

Le lendemain, au point du jour, Renée me secoue. En ouvrant les yeux, elle a aperçu près de nous un gigantesque Touareg tout vêtu de bleu comme il se doit, qui attendait patiemment notre réveil, et elle a eu très peur. Nous nous saluons. Je lui demande ce qu'il veut. Il est envoyé par le chef et veut voir le responsable de notre expédition. Je l'aiguille sur David, avec qui il parle. Les choses se sont arrangées, sans doute après des renseignements obtenus à

Agadez. Nous avons enfin l'autorisation de partir et nous pouvons récupérer nos passeports au poste.

Retour à Agadez et au bonheur de prendre une douche. Pendant ces deux semaines, nous avions pu nous laver deux fois seulement, avec une petite cuvette d'eau par personne. Le lendemain, nous prenons un avion-taxi pour Niamey. Le pilote me fait asseoir près de lui, ma femme et une autre personne à l'arrière, les bagages entre nous. Après le décollage, je me mets à lire le journal. Le paysage monotone du Sahel se déroule à quelques centaines de mètres au-dessous de nous. Le pilote me demande si je sais piloter. Je lui dis que non. « Aimeriez-vous apprendre ? » – « Bien entendu ! » Il m'explique longuement, avec beaucoup de patience, le fonctionnement de l'appareil, la signification des indicateurs de bord, le GPS qui permet de se diriger sur un cap fixé. Puis il me dit de prendre le manche. Je m'y accroche des deux mains, tendu. Il rit et me dit de me détendre. « Êtes-vous droitier ? » – « Oui. » – « Alors, posez votre main gauche sur votre cuisse, et tenez le manche seulement avec deux doigts. Ainsi, vous percevrez tous les mouvements de l'appareil et les contrôlerez mieux. » Avec sa double commande, au début, il corrige mes erreurs. Peu à peu, je commence effectivement à « sentir » l'appareil, et je m'efforce de garder le cap fixé, la hauteur, l'horizontalité, paramètres que le néophyte que je suis a du mal à maîtriser tous à la fois. Pendant deux heures et demie, je pilote cet avion, et le temps passe vite. Mon moniteur me dit qu'il reprend les commandes, car nous allons arriver en approche. Je le remercie chaleureusement. À l'arrivée, je raconte tout cela à ma femme, qui ne s'est aperçue de rien : « Heureusement, me dit-elle, car je serais morte de peur ! ».

À Agadez comme dans le désert, j'ai vu beaucoup de Touaregs dans leurs amples vêtements bleus et coiffés d'un chèche noir, l'épée au côté. On vend, dans quelques boutiques, des épées pour les touristes, mais je n'en achète pas. Plus tard, rentré en France, je téléphone à Richard pour lui demander s'il serait possible de trouver une véritable épée traditionnelle. Richard passe la commission à Sidi. Je lui dis que je voudrais une belle épée, que je ne suis pas pressé et que je paierai le prix qu'il faudra. Imprudence, sans doute.

Six mois plus tard, Sidi me téléphone. Il est en France et il m'a trouvé une épée. Je l'invite à venir chez moi, dans les Pyrénées, passer quelques jours. Il accepte et m'apporte l'épée. Elle est effectivement splendide, dans son fourreau de cuir rouge à l'ornementation fixée par la coutume. Je le remercie chaleureusement, admire l'épée et lui demande combien je lui dois. Il me dit qu'il n'a pas pu l'acheter, car les hommes ne veulent pas vendre ces épées qui se transmettent dans la tribu, et qu'il a eu beaucoup de mal pour l'avoir. Avec mon fils, nous nous regardons, inquiets. Qu'a-t-il donc fait pour l'obtenir ? Il finit par nous dire qu'il l'a échangée. « Échangée ? Mais contre quoi ? » – « Contre mon chameau. » La même idée nous traverse l'esprit : combien diable coûte un chameau ? Le « vaisseau du désert » vaut-il autant qu'une voiture ? Mon inquiétude s'accroît. « C'est combien, un chameau ? » – « C'est qu'il y a chameau et chameau, répond-il, le mien était un bon chameau… » Et il nous explique pourquoi. De pire en pire. Je me souviens alors que, lorsque nous étions dans le désert, il m'avait, en plaisantant, proposé quinze chameaux pour ma femme, pour laquelle il avait une grande admiration. Renée en avait d'ailleurs été assez flattée. Au bout d'un long moment, je finis par lui demander le prix exact de son chameau. Il me dit : « Trois mille francs. » Ouf ! C'est beaucoup plus cher que ce que je comptais dépenser, mais ce n'est pas l'horrible catastrophe que j'entrevoyais. En revanche, je vois Renée qui fait un rapide calcul mental et procède à une réévaluation moins flatteuse. Quelques mois plus tard, je racontai l'histoire lors d'une soirée chez des amis, et l'une des jeunes femmes présentes s'exclama : « Moi aussi, je suis allée au Niger. Et l'on n'a proposé pour moi que sept chameaux ! » Je lui expliquai que ma femme avait à peu près le double de son âge et qu'il était donc normal que son « prix » fût calculé en proportion. La logique de cette explication la rasséréna.

Au retour du Niger, je parlai avec enthousiasme des girafes à mon ami John Robinson, sculpteur renommé et cheville ouvrière de la Bradshaw Foundation, et je lui en envoyai quelques photos. Il en fit faire plus tard des posters aussi superbes que gigantesques. J'évoquai aussi avec lui les problèmes de leur conservation et l'inéluctabilité de leur dégradation à plus ou moins long terme, étant donné leur localisation à cinq ou six kilomètres à peine de la seule route goudronnée dans le nord du Niger. La reprise du tourisme, après la fin de la rébellion touarègue, en faisait une « cible » privilégiée des organisateurs de voyages et des guides locaux. Les visiteurs ne se priveraient pas de marcher sur les gravures pour mieux les examiner et les photographier, quand bien même ils éviteraient tout acte de vandalisme direct comme l'enlèvement de fragments de roches gravées, ce que l'on ne pouvait exclure. Je lui dis que la meilleure façon d'assurer leur pérennité serait d'en effectuer un moulage complet. Il acquiesça sans réserve à mon diagnostic et ajouta que ce serait une opération d'une incroyable lourdeur et des plus onéreuses, probablement impossible à réaliser. Nous en restâmes là pour le moment.

John montra les photos des girafes aux deux principaux mécènes de la Bradshaw Foundation, Damon et Robert, qui furent intéressés. Petit à petit, l'idée fit son chemin et commença à prendre forme, toujours avec beaucoup de réserves et de manière spéculative. La première question qui me fut posée fut celle des mouleurs. Je connaissais l'entreprise Pierre Mérindol, d'Avignon, qui avait procédé au moulage des extraordinaires fresques sculptées magdaléniennes du Roc-aux-Sorciers, à Angles-sur-l'Anglin (Vienne). Là aussi, les problèmes techniques étaient complexes, car il fallait mouler un pied de falaise, avec des œuvres en position verticale, sur une quinzaine de mètres de long et un mètre cinquante à deux mètres de haut, sans abîmer si peu que ce soit les originaux. Le travail, mené il y a quelques années à peine, avait donné toute satisfaction.

Je pris donc langue avec Pierre Mérindol et il nous fournit un devis encore approximatif. Si l'opération devait se faire, elle devait avoir lieu d'ici un an, en janvier 1999 au plus tard car, à partir de février, il fallait craindre les grands vents de sable, et nous étions convaincus que si l'on reportait trop loin cette aventure dans le temps, l'élan retomberait et elle n'aurait aucune chance de succès.

Il fut décidé d'un commun accord que ce serait TARA (Trust for African Rock Art), c'est-à-dire son président David Coulson, qui organiserait l'expédition. Pendant les mois qui suivirent, ce fut une course contre la montre, car il fallait successivement obtenir l'accord du gouvernement nigérien, définir un contrat précis avec la firme Mérindol, décider de l'organisation locale et envoyer le matériel indispensable suffisamment à l'avance pour éviter toute mauvaise surprise.

La Bradshaw Foundation accepta de financer l'expédition, à certaines conditions : nous solliciterions une participation de la National Geographic Society pour l'étude ; plusieurs tirages seraient faits du moulage et certains seraient mis à la vente ; le produit rembourserait les dépenses et, si les moulages avaient le succès escompté, il devrait en rester assez pour aider TARA. Renseignements pris, on pouvait compter sur une dizaine de tirages. Chaque mécène en aurait un et l'on en donnerait un autre au gouvernement du Niger ; les autres seraient vendus.

David connaissait bien le ministre du Tourisme, Rhissa Ag Boula. C'est à lui qu'il s'adressa et son entremise facilita considérablement la tâche, car en fait l'autorisation dépendait d'un autre ministère, celui de l'Environnement et de l'Eau. Malgré les assurances qui nous étaient prodiguées, les mois passaient et l'autorisation officielle n'arrivait pas. L'immense territoire de l'Aïr est classé sur la liste du patrimoine mondial de l'UNESCO. Cet organisme international fut consulté sur notre demande. J'avais par ailleurs envoyé un rapport à l'UNESCO sur les girafes, en insistant sur leur caractère exceptionnel et sur leur vulnérabilité. Nous multipliâmes les démarches, aidés par Sidi Mohammed Iliès, notre ex-chauffeur, qui avait été l'un des proches compagnons de Rhissa pendant la rébellion et était resté son ami. Finalement, l'autorisation arriva en août 1998. Il restait très peu de temps pour tout préparer.

Sidi serait notre organisateur local, sous la houlette directe de David. C'est lui qui serait chargé d'accueillir et de stocker notre matériel à Niamey, de le transporter à Agadez en camion, puis à Dabous le moment venu. Il pourvoirait à l'intendance, ce qui n'était pas une mince tâche, puisque nous étions en plein désert et qu'il faudrait tout transporter : couchage, nourriture, eau, véhicules, essence, groupe électrogène, bois, etc.

Avant de signer le contrat définitif avec Pierre Mérindol, John Robinson voulut aller le voir. En octobre, nous eûmes une réunion à Avignon, avec John, son fils Peter et une dame chargée des problèmes financiers, David Coulson et moi-même. Tous furent frappés par le professionnalisme de l'entreprise et la décision fut prise. J'émis le vœu qu'il fût fait un test grandeur nature, afin d'être absolument certains que l'opération de moulage ne pourrait causer le moindre dégât aux œuvres. En effet, Pierre Mérindol nous dit que le choix entre certains produits dépendait des conditions locales (nature de la roche et de sa porosité, températures, exposition, etc.). Il fallait donc voir sur place. Tous furent d'accord, malgré le coût supplémentaire et, à la mi-novembre, deux mouleurs – dont Pierre – se rendirent avec David dans l'Aïr pour procéder à cet essai sur une roche voisine des grandes girafes. Tout se passa très bien et le dernier feu vert fut donné à l'opération.

Il restait à envoyer à Dabous trois tonnes de matériel. Renseignements pris, le transport « normal », par bateau et camions, durait de six à huit semaines, car les marchandises devaient passer par plusieurs pays, avec toutes les formalités que cela impliquait à chaque fois. La marge de sécurité était trop réduite. Nous risquions d'être tous sur place en janvier, à attendre pendant des jours et des jours un matériel qui n'arriverait pas. Et l'avion ? C'était beaucoup plus rapide, avec l'avantage énorme d'arriver directement à Niamey, mais le coût était le double. Il fallut en passer par là, non sans avatars supplémentaires. Le jour venu, Sidi était à Niamey, à plus de mille kilomètres d'Agadez, pour récupérer les équipements. Il avait loué un camion. Au dernier moment, Air France refusa d'embarquer les containers, car l'un d'eux renfermait des produits « volatiles ou dangereux » et le conditionnement effectué n'était pas tout à fait réglementaire. L'envoi fut reporté à la semaine suivante et finit, à notre immense soulagement, par arriver à bon port.

Parmi les marchandises expédiées – plus de trois tonnes – se trouvaient deux bouteilles d'hélium. L'idée venait du National Geographic. Au printemps, nous nous étions retrouvés, John, David, Damon et moi, à Washington pour leur présenter des photos des girafes et leur parler de notre projet. L'accueil fut excellent et nous sollicitâmes une aide. Il fut admis que le National Geographic rendrait compte de notre expédition. C'est alors que quelqu'un eut l'idée de réaliser des photographies aériennes des girafes, étant donné leur taille gigantesque et leur position sur une dalle légèrement inclinée. Cela pourrait se faire avec un ballon captif qui serait amené sur place, gonflé à l'hélium et muni d'un appareil photographique et d'un système de visionnage et de télécommande. Le ballon survolerait les lieux et prendrait force photos. Pour le monter et le diriger, le National Geographic enverrait un de leurs techniciens, américano-japonais, prénommé Kenji.

Finalement, nous partîmes vers la mi-janvier 1999. Renée m'accompagnait cette fois aussi. Elle m'aiderait pour les relevés, car je ne comptais pas rester inactif à regarder l'équipe Mérindol travailler au moulage. Pendant ce temps, nous relèverions le plus possible de gravures sur le site. Dans les mois qui avaient précédé, j'avais mis au point une fiche descriptive, sur le modèle de celles utilisées à la grotte Chauvet, avec les adaptations nécessitées par les conditions locales. À Roissy, nous rencontrâmes Victoria, une blonde américaine, mignonne, mince et vive. C'est elle qui réaliserait le reportage vidéo de l'opération. Kenji devait se trouver sur le même vol. Il y avait bien trois Japonais dans la cabine, mais nous ne l'identifiâmes qu'à Niamey. Il ne parlait pas un mot de français. Je l'aidai pour les formalités, surtout lorsqu'il s'avéra que ses bagages – dont le ballon empaqueté – n'avaient pas suivi et qu'ils n'arriveraient que deux jours plus tard. Il resta à Niamey, cloîtré dans son hôtel, avant de nous rejoindre à Dabous. Ses malheurs ne faisaient que commencer.

Le lendemain, nous prîmes un petit avion pour Agadez. Pour ce vol, c'était le chef pilote qui nous conduisait. Nous devions le revoir à plusieurs reprises. Sidi nous attendait. Chaleur des amicales retrouvailles… Après une visite de courtoisie au nouveau préfet, qui nous accueillit avec son prédécesseur et nous assura de son vif intérêt pour le projet, nous voilà partis pour Dabous où l'équipe des mouleurs était à l'œuvre depuis déjà une semaine. Sous la direction de Pierre Mérindol, il y avait Stéphane Frison et

Claude Tribouillard, mais tous les appelaient toujours « les Mérindol » car ils étaient inséparables.

Cette fois, c'était le grand confort. Nous disposions d'une tente touarègue spacieuse et belle. Traditionnellement, des branches à peine dégrossies, courbées, liées avec des ficelles, en constituaient l'armature sur laquelle étaient disposées des nattes de sisal entrecroisées et attachées pour résister au vent de sable. Elles ne descendaient pas jusqu'au sol : vingt centimètres étaient laissés libres sur le bas pour permettre à l'air de circuler et de rafraîchir l'intérieur. L'ouverture, où nous passions à quatre pattes, variait en fonction du moment de la journée et de la course du soleil, pour être toujours à l'opposé de la face ensoleillée. Des fils de laine multicolores et des sacs touaregs pendaient d'un magnifique tapis à la voûte. Un autre tapis couvrait le sol et nous isolait du sable. Le lit, démontable en un instant (nous en fîmes l'expérience quand il s'écroula une fois ou deux), était fait de bois travaillés avec des encoches pour caler les autres bois qui s'entrecroisaient. Natte et matelas le couvraient.

À quelques mètres de notre tente, une douche, luxe suprême, avait même été installée dans un creux de rochers, pour assurer une certaine intimité. C'était un double sac en plastique noir, muni d'un robinet inférieur, renfermant une dizaine de litres d'eau, qui se réchauffaient vite au soleil. À partir de midi on disposait d'eau chaude, qu'il fallait tout de même utiliser très parcimonieusement. Nous prenions une douche tous les deux jours et Renée profitait de la sienne pour laver notre petit linge. Quant aux toilettes, c'était toujours « la grande nature » et le sable…

La demi-douzaine de tentes étaient dispersées et plusieurs douches avaient été montées. Dans la journée, deux jeunes Touarègues, la belle Fatima et sa sœur cadette, venaient « faire » notre chambre, c'est-à-dire secouer le tapis de sol pour en enlever le sable qui envahissait tout, effacer les traces autour de la tente et surtout en changer l'ouverture. La nuit venue, elles nous apportaient une lampe à pétrole allumée. Après les repas, elles venaient souvent nous préparer le thé selon l'immuable et très long rituel du désert.

Une construction plus grande et plus banale servait de salle commune. C'est là que nous prenions nos repas. Le soir, nous avions la lumière électrique grâce à un groupe électrogène, mais, après avoir mangé, nous nous retrouvions autour du feu – il fait froid la nuit au Sahara en janvier –, à boire du thé et à parler en regardant les étoiles.

Le camp comptait une bonne douzaine d'autochtones, sous la direction efficace de Sidi. D'après ce que je compris, c'étaient presque tous des membres de sa famille ou de son groupe. Les rôles étaient bien définis en fonction, entre autres, d'une hiérarchie sociale, voire raciale. Par exemple, notre cuisinier, Mammadou, très noir, n'était pas touareg. Il était de la race de leurs anciens esclaves et nul ne l'oubliait. Quand il était débordé de travail, les autres – les nobles – ne l'aidaient pas, même s'ils étaient désœuvrés. Aidé de son jeune frère, Adam, il travaillait sans relâche du matin jusqu'au soir, et parfois la nuit pour faire du pain dans le sable. Très compétent, il nous servait une nourriture excellente, un peu trop occidentale à notre goût : nous aurions préféré, Renée, les Mérindol et moi, manger des plats locaux. Toutefois c'était pour Mammadou un point d'orgueil : il savait parfaitement cuisiner à l'occidentale !

Le travail et la vie s'organisèrent dans notre petit monde où nous apprîmes bientôt à nous connaître tous. Le matin, nous partions vers 8 heures pour l'amas rocheux où se trouvaient les girafes, à un peu plus de six cents mètres du camp. De loin, sur l'une des plus hautes roches, on voyait se détacher la silhouette noire du gardien, Aoum, qui nous attendait. Au bout de quelques jours, vers 10 h 30, nous vîmes avec joie apparaître Adam, tout souriant, chargé de sandwiches. Il vint presque tous les jours nous sustenter ainsi. Vers 12 h-12 h 30, épuisés, nous rentrions au camp pour déjeuner et faire ensuite la sieste jusque vers 15 h 30. Retour ensuite au rocher jusqu'à la nuit. Au milieu de la journée, la chaleur induisait un état de fatigue lourde et nous aspirions à la sieste.

Le premier jour, à 13 heures, Victoria n'était pas là. Elle arriva de sa tente, toute pimpante, vers 13 h 30. Nous l'avions attendue, rongeant notre frein en pensant à notre repos raccourci. Le lendemain, même chose, 13 h 25. Le surlendemain, à 13 heures, Claude dit gentiment à Mammadou, visiblement un peu choqué, de nous servir. Quand Victoria arriva, une demi-heure plus tard, elle prit le repas en cours, sans que nul ne fît le moindre commentaire. Dès lors, elle fut toujours à l'heure… Victoria jouait beaucoup de son charme indéniable qu'elle projetait littéralement sur son interlocuteur pour obtenir ce qu'elle voulait. Elle n'allait sur le rocher qu'accompagnée de deux Touaregs adorateurs. Ils la conduisaient en voiture et lui portaient son équipement. Très professionnelle, elle interrogeait les uns et les autres et filmait tout, s'excusant toujours de nous déranger, mais organisant invariablement les choses à sa façon. De toute évidence, elle vivait dans un monde dont elle seule était le centre, et elle s'en tirait grâce à son charme. J'eus un exemple typique de sa manière d'être lorsqu'elle dit à Renée qu'elle prenait deux douches par jour, alors que nous savions tous combien l'eau était précieuse. Tous les deux ou trois jours deux des hommes devaient prendre le camion et aller remplir à un puits éloigné la petite « tonne » dont nous disposions.

À notre arrivée, les Mérindol finissaient de passer la première couche de silicones élastomères sur les gravures. C'était un travail spectaculaire, car peu à peu les œuvres disparaissaient sous une épaisse couche blanche et le profane, dans ce cas, se demande toujours – quelles que soient les assurances données – l'effet que cela est susceptible d'avoir sur elles : les retrouvera-t-on vraiment à l'identique au moment de l'enlèvement ? Ne pourrait-il y avoir des changements irréversibles de couleur, voire des enlèvements ? Les deux critiques les plus communes contre la technique du moulage sont que celui-ci peut changer l'aspect visuel de la roche, par exemple s'il reste des éléments du moule dans les fissures, et d'autre part que les produits chimiques utilisés rendent à tout jamais impossible la datation directe de la patine couvrant les gravures. Pour éviter cet inconvénient, il fut décidé de laisser quatre réserves, chacune de 25 centimètres × 15 centimètres environ, qui ne seraient pas moulées. Elles furent répertoriées et photographiées avant d'être protégées par du papier aluminium recouvert d'argile, pour bien isoler le sol. Après enlèvement de la chape, les Mérindol firent un estampage à l'argile de ces réserves pour pouvoir compléter le moulage.

Ces excellents et sympathiques professionnels travaillaient sans répit, en plein soleil, sous l'œil attentif et intéressé des Touaregs qui, de temps en temps, leur donnaient un coup de main pour apporter du matériel. Après les trois couches de silicone, ils recouvrirent le tout de plâtre, pour construire un berceau rigide où viendrait se placer très exactement le moule dans des repères préalablement prévus. Ils introduisirent dans le plâtre mou tout un système de tiges métalliques entrecroisées afin de permettre son transport commode. Étant donné la vaste surface à mouler, près de trente mètres carrés, l'enlèvement devait se faire en trois morceaux que l'on raccorderait, tant pour le moule en matière plastique que pour son berceau en plâtre. Tout cela prit une bonne semaine.

Enfin, l'enlèvement put avoir lieu et les éléments rigides en plâtre furent précautionneusement descendus du sommet des rochers jusqu'au sable de la rivière sèche, l'*oued*, ou plutôt le *kori* comme on dit au Niger, pour y être assemblés et y attendre le moule lui-même. Pour celui-ci, Pierre Mérindol et ses collaborateurs commencèrent par détacher la partie la plus haute, celle recouvrant la tête de la grande girafe. Ce fut un moment émouvant lorsque la gravure préhistorique profonde réapparut, avec, juste au-dessus d'elle, son négatif imprimé sur l'épaisse couche d'élastomère. À partir de là, le moule fut littéralement pelé, avec beaucoup de délicatesse et mille précautions, car il ne fallait pas qu'il arrachât la moindre parcelle de la pierre. On le roula comme un tapis et chacun des trois éléments alla trouver sa place sur le berceau qui l'attendait au bas des rochers. Les Mérindol nettoyèrent la surface gravée. Il ne fallait pas y laisser le moindre produit étranger et elle devait exactement retrouver son apparence première. Il fut alors possible de faire les photographies aériennes et Kenji, le technicien photographe du National Geographic, qui jusqu'alors avait été désœuvré, commença à préparer son ballon et ses appareils.

Pendant toute cette semaine, les autres membres de l'équipe, David Coulson, Alec Campbell, Renée et moi-même n'étions pas restés inactifs. Nous allions souvent voir travailler les Mérindol, prenions des photos, répondions aux demandes d'interviews et de tournage de Victoria, mais cela nous laissait beaucoup de temps libre que nous employâmes à enregistrer le plus possible de gravures rupestres. Les grandes girafes, en effet, étaient loin d'être seules sur les grès de Dabous. Des centaines de représentations, dont certaines fort belles, y avaient été gravées. La plupart se trouvaient dans les parties est et sud de l'amas rocheux. Elles étaient souvent groupées en de véritables panneaux. D'autres étaient plus dispersées. On en voyait partout, surtout des bovinés, des gazelles, des girafes et des autruches, avec des figures plus rares : lions, rhinocéros, chiens, personnages humains, chameaux. Quelques scènes étonnantes, que nous n'avions pas remarquées à première

Le moment délicat et solonnel où l'on soulève le premier coin du moulage. Sur sa partie gauche apparaît la petite zone délibérément réservée.

vue, nous apparurent au moment de notre long travail de recensement : en plusieurs occasions, au-dessous du pis bien indiqué d'une grande vache se trouvait un humain minuscule, les bras levés ; c'était probablement une suggestion de la traite. Nous vîmes aussi un accouplement humain, assez fruste, et plusieurs grandes girafes semblables à celles que nous avions moulées. Comme pour elles, un lien leur sortait de la bouche, avec parfois un humain à l'extrémité. D'après les styles et les diverses nuances de la patine, ces gravures devaient s'étaler sur une assez longue période, les plus anciennes pouvant avoir plusieurs milliers d'années et les plus récentes quelques centaines à peine, voire moins.

Les fiches descriptives que j'avais apportées commencèrent à se remplir et à s'amonceler. Nous travaillions en deux groupes, chacun sur un ensemble gravé différent, David Coulson avec Alec Campbell et Renée avec moi. Pour repérer plus facilement par la suite les animaux recensés, nous faisions un croquis sur la même feuille et nous les replacions, parfois avec des numéros, sur un croquis d'ensemble du panneau. Cela nous permettait d'aller assez vite – nous n'avions que deux semaines – et d'accumuler une quantité de renseignements. En outre, ce faisant, nous étions contraints de tout voir en détail et beaucoup de sujets jusque-là ignorés ou incompris finissaient par se révéler à nous. Il était évident qu'il nous fallait un plan topographique suffisamment précis du site (qui mesurait environ 80 mètres × 60 mètres), pour y reporter les gravures. Je comptais pour cela sur les photographies aériennes que Kenji devait prendre. Si tout marchait bien, nous aurions l'ensemble de Dabous en photo et cela suppléerait à la topographie dont nous avions besoin.

Kenji fut prêt beaucoup plus vite que je ne l'aurais pensé. Le ballon, d'un jaune vif, se gonfla aux trois quarts d'hélium. Une seule bouteille suffit. La caméra fut fixée dans une sorte de nacelle, avec un système qui permettait à l'opérateur au sol de voir sur un moniteur le champ de prise de vue et donc d'orienter ballon et appareil en conséquence. Au moment de faire monter le ballon, que David et Kenji maintenaient et s'efforçaient de guider avec une corde, les difficultés surgirent. Le vent soufflait de façon irrégulière et le ballon refusait de s'élever suffisamment. Les deux hommes avaient beau s'évertuer, l'engin montait de quelques mètres, partait dans tous les sens, puis retombait ou se rabattait vers les rochers au risque d'y fracasser la caméra et le système de sa télécommande. J'étais près d'Alec. Nous nous regardâmes sans rien dire, avec le même regard sceptique. Ça ne marcherait pas... Finalement, nos amis décidèrent sagement d'abandonner. Kenji enleva les appareils et attacha à une grosse pierre la corde qui maintenait le ballon captif. Il ne le resta pas longtemps. Dix minutes plus tard, je le vis s'élever tout droit dans le ciel. Cette fois il volait parfaitement bien, mais il avait rompu son amarre sous un coup de vent plus violent et il avait conquis sa liberté. Les Touaregs poussèrent des cris, le montrant du doigt alors qu'il montait de plus en plus haut, poussé par le vent, et prenait la direction du Ténéré. Nous ne le revîmes jamais et nous spéculâmes beaucoup sur son sort ultérieur : était-il arrivé jusqu'en Libye et dans ce cas, étant donné sa marque d'origine, serait-il pris par le colonel Kadhafi ou par sa police pour une tentative d'espionnage des Américains ?

Kenji fut désespéré. Ce ballon et son système de prises de vues, c'était son œuvre. Il n'avait même pas pu prendre une seule photographie. Il avait perdu la face. De folles idées de hara-kiri me traversèrent l'esprit. Nous nous efforçâmes tous de le consoler. On trouverait un palliatif. L'essentiel était que les appareils fussent restés intacts. Le lendemain, cela allait mieux et son moral était revenu. Pour accomplir sa mission, il décida de construire un trépied

À Kori Elailei, un Touareg en tenue traditionnelle, rencontré dans le désert, nous fait découvrir des gravures rupestres.

géant, une sorte de chèvre de plusieurs mètres de haut, avec certains des éléments métalliques que les Mérindol avaient apportés pour armer le berceau de plâtre. Avec l'aide de deux Touaregs, le trépied prit forme et l'appareil y fut attaché. Tous aidèrent, tirèrent et poussèrent pour le dresser au-dessus des girafes. À ce moment-là, l'un des pieds cassa net et l'appareil tomba sur le rocher, heureusement en dehors des gravures et sans trop de mal. La série noire continuait.

Entre-temps, David, qui disposait d'un téléphone satellitaire et qui l'utilisait souvent, avait téléphoné au National Geographic pour les informer de la catastrophe. Il était inquiet – Kenji encore plus !... – de leurs réactions. De fait, la personne qu'il contacta fut très amusée par l'incident et rit beaucoup à l'idée de ce ballon ex-captif perdu quelque part dans le désert. Elle lui demanda de les rappeler le lendemain, car ils allaient essayer de trouver une solution. Ils la trouvèrent : ils nous feraient parvenir un autre ballon ! Comme John Robinson devait venir à Dabous la semaine suivante, avec les VIP (nos deux mécènes de la Bradshaw Foundation), ils lui envoyaient immédiatement l'engin par FedEx et John l'apporterait en bagage accompagné. C'est bien ce qui se passa.

Il restait assez d'hélium pour gonfler ce second ballon. Cette fois, on attendit qu'il n'y eût pas le moindre souffle de vent et tout se déroula très bien, si ce n'est qu'il ne fut pas possible de faire monter le ballon assez haut pour avoir l'ensemble de Dabous. Les Touaregs de notre camp ne cessèrent de plaisanter au sujet de l'envol premier et dorénavant ils n'appelèrent plus Kenji que « Kenji-Ballon ». Nous eûmes de ses nouvelles quelques mois plus tard. À son retour à Washington, il eut tôt fait de s'apercevoir que l'histoire s'était répandue comme une traînée de poudre parmi le millier d'employés du National Geographic et qu'il y avait gagné une grande renommée. C'était devenu une sorte de héros. Après tout, malgré l'adversité, il avait réussi à avoir ses photographies !

Après les échecs initiaux, j'avais complètement perdu confiance et je me décidai donc à faire moi-même la topographie de Dabous. Sans aucun enthousiasme, car je mesurais l'ampleur et la difficulté de la tâche. Je n'avais ni théodolite ni distancemètre, seulement quelques décamètres, des pelotes de ficelle et un cahier de papier millimétré en format A4. Il faudrait faire avec. Je commençai par repérer les meilleurs endroits où placer les lignes de base qui me serviraient de repère. La seule façon de procéder était de tendre des fils (ou des décamètres) le long de chacune des faces de l'amas rocheux grossièrement rectangulaire et de tirer sur elles des perpendiculaires. Chaque rocher serait ainsi relevé à l'échelle de 1/100e. Je tendis ma première ligne au plus facile, sur le côté sud, et la fixai solidement aux deux extrémités. C'est à partir d'elle que tout serait repéré et que l'on placerait des lignes perpendiculaires qui elles-mêmes serviraient de nouvelles bases. Avec l'aide de Renée, je découpai les feuilles de papier millimétré et les collai côte à côte pour avoir l'ensemble d'un seul tenant. Il nous fallut une semaine entière de dur travail. Nous escaladâmes d'innombrables rochers, en plein soleil, pour prendre les mesures. Renée tendait le décamètre selon mes instructions. J'essayai de tenir compte des pentes et des erreurs qu'elles introduisaient. Petit à petit, les vides se comblaient. Le moment critique était les « retours », c'est-à-dire lorsque nous revenions sur un lieu déjà relevé, mais cette fois à partir d'une base différente. Cela allait-il « coller » ou tomberions-nous loin du point prévu ? Il y avait bien entendu des erreurs, mais plus faibles que je ne l'aurais cru, de l'ordre de 0,50 mètre à 1 mètre. Ne pouvant tout recommencer, je trichai un peu, raccourcissant ou allongeant tel ou tel rocher. L'essentiel était qu'on les reconnût et que leur position relative fût exacte, ainsi que les lignes de fractures qui déterminaient leur individualisation et l'originalité du site. Nous terminâmes le plan juste à temps. À l'extrémité la plus éloignée de notre point de départ, c'est-à-dire au nord-ouest, les erreurs s'étaient ajoutées et certaines atteignaient deux ou trois mètres. Tant pis ! Impossible de faire mieux avec le matériel dont nous disposions. Le dernier jour, avec Alec, je parcourus une nouvelle fois le site, systématiquement. Nous pointâmes sur le plan toutes les gravures, qu'elles aient été répertoriées et fait l'objet de fiches ou non. Nous avions rempli 430 fiches, mais il devait bien rester 150 ou 200 dessins supplémentaires. Dans l'ensemble, le plan était bon, en tout cas pour nos besoins, car, à mon soulagement, nous retrouvâmes toutes les roches et nous pûmes localiser chaque gravure avec précision. J'avais tellement transpiré sur cette topographie, au sens propre (si l'on peut dire) comme au sens figuré, que nul n'y échappa : au grand amusement de Renée, je la montrai fièrement à tous, y compris aux deux ministres et au préfet lorsqu'ils vinrent nous rendre visite.

Sidi tenait à nous présenter à ses parents qui étaient très âgés. Avec leur groupe, ils menaient une vie nomade, et ils n'étaient actuellement qu'à quelques heures de voiture de Dabous. Vers le milieu de notre séjour, nous partîmes pour deux jours. À l'aller, après deux heures de cahots, à une soixantaine de kilomètres de notre camp, nous nous arrêtâmes non loin de gros rochers qui comportaient évidemment des gravures. Pendant que nous mangions, un Touareg traditionnellement vêtu, sa katouba au côté, surgit de nulle part. Thé, politesses, nouvelles. Quand il sut ce que nous faisions, il nous dit qu'à huit cents mètres de là se trouvaient de grandes gravures. Il nous y accompagna. Le site, appelé Elailei, était superbe. Une haute falaise s'incurvait profondément en fer à cheval, et des gravures, dont des humains de deux mètres cinquante de haut, se voyaient sur les deux côtés. Dans le fond, je constatai avec colère et consternation que deux sujets relativement récents mais très beaux, des chevaux avec leurs cavaliers, avaient été maladroitement moulés, l'un au plâtre, l'autre au silicone. L'un d'eux était entièrement couvert de blanc, l'autre en partie. D'après notre guide, ce vandalisme datait d'une vingtaine d'années. Ce sont ces pratiques déplorables, parfaitement égoïstes – on emporte le moule et on laisse l'original défiguré -, qui ont donné mauvaise presse à la technique du moulage. C'était exactement le contraire de ce que nous voulions faire en ce moment même à Dabous.

Nous arrivâmes au campement à la tombée de la nuit. Une quinzaine de tentes étaient dispersées au milieu des chameaux et des chèvres. Sidi salua certains de ses parents venus nous accueillir et nous montâmes notre propre camp un peu à l'écart. Vers la fin de notre repas, nous eûmes quelques visiteurs qui vinrent s'asseoir avec nous près du feu. Ils avaient apporté une jatte pleine de lait de chamelle. Elle fit le tour de notre groupe et nous en bûmes des lampées tour à tour. Sidi servait d'interprète, car les autres Touaregs ne parlaient que le tamachek. Nous posâmes quelques questions sur leur vie : « Restez-vous longtemps au même endroit et comment décidez-vous de changer de lieu ? » – « Ce sont les chameaux qui décident. Quand ils trouvent qu'il n'y a plus assez d'herbe, ils vont de plus en plus loin. Il est alors temps de partir. » – « Les chameaux appartiennent-ils au groupe ou à des familles ? » – « À des familles. Certaines sont riches et d'autres pauvres. » – « Riche, ça veut dire quoi ? » Sidi nous montra une femme qui venait d'arriver et dit : « Cette femme est riche. Elle a plus de cent chameaux. » Il traduisit en tamachek, provoquant des rires ; la femme rit aussi, l'air confus et flatté à la fois.

Le lendemain matin, nous rendîmes la visite. Les tentes ouvertes, où certains nous invitèrent à entrer pour les voir, étaient identiques à la nôtre, c'est-à-dire parfois belles mais réduites à l'essentiel. À l'extérieur, une petite plate-forme surélevée à un mètre soixante-dix environ, montée sur des pieux, portait quelques ustensiles, des pots, du cuir. Très peu de choses en vérité. Un chevreau était attaché à une calebasse remplie de sable et un tout petit enfant jouait avec lui. Une femme donnait le sein à son bébé. Un homme égrenait son chapelet près du feu. Nous prîmes le thé que l'on nous offrait. Ces gens n'avaient rien, selon nos critères, et ils nous invitaient à boire leur thé et leur lait. L'impression générale était celle d'une absence de biens matériels étonnante pour nous, Occidentaux, mais aussi d'une adaptation parfaite à une vie millénaire. Les enfants paraissaient en excellente santé et ne mendiaient pas comme ceux des villes et villages que nous connaissions, où l'apparition d'un Blanc provoque un attroupement et des demandes incessantes de « cadeau, cadeau ».

Renée fut sollicitée pour soigner un homme qui avait mal aux yeux. Nous avions porté des collyres et de l'aspirine. Après sa première intervention, ce fut un défilé. On l'amena ensuite voir une femme sérieusement malade. Elle se plaignait de l'estomac, mais les échanges étaient difficiles avec l'obstacle de la langue. En quelques instants, un demi-cercle de spectateurs intéressés se forma, faisant force commentaires en tamachek. Nous n'avions rien pour l'estomac et, en outre, la femme avait un air absent et résigné de mauvais augure et elle paraissait mal en point. David prenait des cachets, un genre de bicarbonate. Comble de chance, ils étaient effervescents, ce qui ajouta une touche spectaculaire appréciée au processus. Tous furent enchantés, y compris la patiente, et nous espérâmes que l'effet psychologique agirait. Peut-être fut-ce effectivement le cas pour un temps mais, quelques mois plus tard, nous apprîmes le décès de cette femme qui avait peut-être un cancer en phase terminale.

Un homme vint me trouver. Il sortit précautionneusement un cachet de son portefeuille et me le montra. Il ressemblait à un cachet de vitamine C. Au début, je crus simplement qu'il me le montrait pour que je lui en donne un autre, ce que je fis, lui indiquant par gestes que l'aspirine que je lui offrais se prenait quand on avait mal à la tête. En fait, il possédait un seul cachet et voulait savoir à quoi il pouvait servir, m'expliqua Sidi. Quand sa demande me fut traduite, je fus embarrassé. J'aurais bien jeté le cachet, mais lui y attachait de toute évidence de la valeur. À tout hasard, je lui dis que c'était la même chose que l'aspirine, comptant sur l'effet placebo.

Au moment de partir, un des hommes s'approcha de Renée, ouvrit sa bourse et lui donna solennellement quelques objets, ses trésors qu'il avait collectés dans le désert : un petit fossile, un bel anneau préhistorique en pierre, une pointe de lance en fer et une minuscule hache polie. Il expliqua que la hache polie était une « pierre de foudre » : elle se formait, nous dit-il, à l'endroit où l'éclair pénétrait dans le sol et elle protégeait donc de la foudre. Je fus stupéfait, car cette croyance se retrouvait à l'identique, depuis les temps les plus anciens et jusqu'à des périodes assez récentes, dans toute l'Europe, où, jusqu'au XVIIIe siècle, on appelait les haches polies les céraunies (du grec *keraunos*, « foudre »). Cette interprétation d'un objet incompris faisait-elle vraiment partie des universaux de la pensée humaine ? Ou bien les ancêtres de ces gens furent-ils en contact avec des Blancs qui leur transmirent certaines de leurs superstitions qui perdurèrent chez eux alors qu'elles disparaissaient sur leurs lieux d'origine ?

L'un des « anciens » du campement, lorsque je lui fis mes adieux, m'adressa un reproche. Il me dit très simplement : « Vous auriez dû passer plus de temps avec nous, au moins un jour et une nuit de plus. » C'était vrai et j'eus des remords. Nous n'avions fait que passer, trop vite, nous nous étions croisés et nous n'avions pas vraiment vécu avec eux. Nous reviendrions une autre fois avec nos enfants, si Dieu veut…

Nous allâmes voir les parents de Sidi qui nous dit que, pour avoir la paix et le calme (*sic*), ils avaient dressé leur tente en dehors du campement. En fait, ils en étaient à plus de cinq kilomètres, complètement isolés, avec une de leurs filles et sa famille qui avaient leur propre tente et s'occupaient d'eux. La mère de Sidi nous sourit d'un air triste, avec le regard lointain d'une personne malade très âgée. Son père avait plus de 90 ans, on lui en aurait donné 60. Il avait très grande allure et, après avoir échangé quelques mots courtois avec nous, il eut une longue conversation, assis face à face sur le sable, avec son fils. De toute évidence, il lui prodiguait des conseils que Sidi écouta avec le plus grand respect.

Nous rentrâmes à notre camp après cette trop brève incursion dans un monde si différent et même opposé au nôtre. Sidi nous montra, quelques kilomètres plus loin, des centaines de piquets qui balisaient le désert. Il était question d'une nouvelle mine d'uranium. Il s'en désolait. Bien entendu, nous dit-il, ils ouvriraient un dispensaire et une école, mais le territoire des Touaregs se restreignait, ils s'acculturaient et, dans dix ans, les jeunes de sa tribu accueilleraient les visiteurs en sollicitant des « cadeaux, cadeaux ». À présent, les Touaregs, qui mènent une vie traditionnelle, comme ceux que nous avions vus, ne demandent rien, sinon qu'on les laisse tranquilles, qu'on les aide à se soigner en cas de nécessité et le droit de pouvoir continuer à parcourir librement le désert avec leurs bêtes, comme ils l'ont toujours fait, sans se soucier des frontières héritées de la colonisation occidentale. Ils ont certes besoin d'aide, mais dans le cadre qu'ils ont choisi, à leurs conditions et pas aux nôtres. C'est là l'essentiel. Leur vie n'a certes rien d'idyllique et nous en eûmes quelques exemples cruels, mais c'est la leur. Peu avant notre arrivée, par exemple, les Mérindol durent soigner un gamin qui, en dormant, avait roulé dans le feu et présentait de graves brûlures. Nous eûmes un jour la visite d'une jeune femme. Elle avait marché pendant des heures dans le désert pour nous amener son bébé. Elle allaitait et n'avait plus de lait. Le bébé dépérissait à vue d'œil. Il eût fallu un biberon. Nous n'en avions pas. Renée lui montra comment lui faire boire du lait ou de l'eau sucrée avec une petite cuillère. Elle n'en possédait pas. Nous lui donnâmes une des nôtres. Quelque temps plus tard, nous revîmes la femme à l'occasion d'une fête. Elle n'avait plus son bébé.

Notre travail se termina. Les VIP devaient venir, en même temps que les ministres. Leur arrivée fut annoncée par des véhicules de l'armée, qui se déployèrent en soulevant des nuages de poussière. En un instant, des soldats armés occupèrent tous les points élevés. Les ministres seraient bien protégés. Nous étions en territoire touareg et l'on sentait que la rébellion récente était encore dans les mémoires. D'ailleurs, cette visite officielle avait bien failli ne pas avoir lieu, en raison de réticences en haut lieu au sujet de la sécurité. David avait passé des heures à son téléphone satellitaire, appelant le ministère à Niamey ou le préfet à Agadez, où le téléphone (et le fax) fonctionnent si mal qu'établir une communication relève de l'exploit. Si les ministres vinrent, ce fut grâce à Rhissa Ag Boula, le ministre du Tourisme, Touareg, ancien chef de la rébellion, que David connaissait de longue date et qui garantit à qui de droit que tout se passerait bien.

Nous devions repartir dès le lendemain pour faire un petit voyage dans le Ténéré. Nos amis VIP devaient goûter tant soit peu au vrai désert. Ils disposaient de quelques jours à peine. Pour gagner du temps, il avait été envisagé de nous amener tous en avion, fût-ce en deux rotations. Nous irions d'Agadez à Chiriet où existait une piste d'atterrissage au bord du grand désert. Des voitures nous attendraient sur le site. S'agissant d'un vol civil, il était indispensable que la piste fût officiellement homologuée. Nigeravia envoya son chef pilote, que nous connaissions. Il s'y rendit en 4 × 4. L'aller et retour depuis Dabous prit trois jours. La piste était en bon état et pouvait être homologuée. En définitive, elle ne le fut pas, car le ministère de la Défense estima qu'elle se trouvait dans une zone d'insécurité. Nous y fûmes donc en voiture, ce qui est assez ironique car, pour notre voyage et à notre sujet, aucun problème d'insécurité ne fut évoqué. Nos amis touaregs s'amusèrent beaucoup de la pusillanimité officielle autant que du déploiement guerrier lors de la visite des ministres à Dabous.

Les deux ministres, accompagnés du préfet et bien entendu de militaires, visitèrent donc le site et virent le moulage. Ils nous félicitèrent et nous remercièrent chaleureusement. Il fut décidé qu'une copie serait donnée à la Ville d'Agadez pour être placée à l'aéroport, où elle servirait en quelque sorte de logo : Agadez, porte du désert et de l'art rupestre de l'Aïr. Une fête avait été organisée. Une douzaine de femmes, placées en arc de cercle autour de deux tambours, tapaient des mains et chantaient sur le même rythme. Une vingtaine d'hommes, dans leurs costumes de fête, étaient jugés sur leurs chameaux magnifiquement harnachés. Par groupes de quatre ou cinq, ils faisaient courir les bêtes vers les femmes et tournaient autour d'elles, pendant que les autres attendaient leur tour. Les chants et les youyous des femmes, le rythme de leurs battements de mains, le sable soulevé, les couleurs vives des chameliers et de leurs bêtes créaient un spectacle d'un autre âge, toujours vivant, qui se renouvelait sans cesse avec les déplacements des chameaux. Après la fête, on nous proposa de monter à chameau, ou plutôt à dromadaire, car il s'agit en fait de ces animaux, même si tout un chacun les qualifie de chameaux. J'obtempérai, non sans appréhension, car un chameau sur lequel on va se hisser paraît beaucoup plus grand qu'on ne le croirait ! On m'expliqua que « les rênes étaient à la fois le volant et le frein » et que « le pied nu placé sur le cou était l'accélérateur ». John Robinson, fervent d'équitation depuis toujours, maîtrisa la conduite de sa monture avec une dextérité impressionnante et il se mit à tourner lui aussi, fièrement, autour du groupe des femmes. Je fus beaucoup moins brillant, mais je réussis à ne pas tomber.

Au retour de notre voyage dans le Ténéré, nous eûmes droit à une autre fête, plus simple, que, finalement, je préférai. Le principe était le même : les femmes jouaient du tambour, chantaient et tapaient des mains et les hommes venaient parader devant elles, cette fois à pied, ce qui me convenait mieux. Parfois un seul homme se précipitait, brandissant sa takouba au-dessus de la tête, et dansait en face des femmes, tapant des pieds et se contorsionnant dans le rythme. L'un de nos amis touaregs, Mohammed, danseur extraordinaire de fougue et de grâce, opérait le plus souvent seul. Puis il se retirait et d'autres lui succédaient, par deux ou par trois. Cela dura des heures. Renée se joignit au chœur des femmes, ne pouvant décemment danser avec les hommes – comme je le fis dans mon boubou bleu, la tête ceinte du chèche blanc. Elle aurait pourtant bien voulu le faire, car il faisait assez froid, mais cette danse éminemment sexuelle, vieille comme le désert, ne le permettait pas.

Le lendemain matin, nous partîmes en convoi, David et Alec, Victoria qui filmait des kilomètres de pellicules, John Robinson et son fils Peter, les VIP : Damon de Laszlo et Robert Heffner III, accompagné de sa fille, Renée et moi. Les Mérindol étaient restés au camp pour veiller à l'emballage et au chargement du moulage et des équipements qu'un camion devait emporter dans des containers. Nos accompagnateurs autochtones étaient dirigés par

Cheikh, algérien compétent et sympathique, assisté de Mohammed Ag Boula, le frère cadet du ministre du Tourisme. Notre chauffeur était Akrao, cousin germain de Sidi (son « fils » selon la coutume touarègue). Il y avait aussi un cuisinier, âgé et lent, très sale, mais extrêmement gentil et qui travaillait sans relâche jusque tard dans la nuit, et un aide. Derrière cette organisation, je pressentis tout un contexte politique – au sens large – et familial. David avait voulu que Cheikh, qu'il connaissait depuis longtemps, organisât ce voyage et en retirât le principal bénéfice, puisque Sidi avait eu la charge du camp de base. Par contre, Akrao était l'homme de Sidi et conduisait sa voiture, celle où nous nous trouvions. Il avait dû y avoir beaucoup de discussions et de marchandages avant d'aboutir à ce compromis. Il en subsistait quelques tensions dont nous faillîmes faire les frais.

Notre caravane comportait trois voitures, plus une camionnette chargée de l'eau, de l'essence et du ravitaillement. Les déplacements duraient de longues heures. Akrao ne manquait jamais de fromage et de dattes, qu'il nous offrait et que nous dégustions avec délice car leurs goûts s'allient remarquablement bien. On se suivait à intervalles irréguliers, parfois perdant les autres de vue. Chaque fois que les conditions le permettaient, les chauffeurs accéléraient. Le premier, le « chef », cherchait le meilleur passage et les autres suivaient. Nous allions assez vite dans un paysage de petites dunes et Akrao, suivant scrupuleusement les traces des autres, se lança comme d'habitude pour en franchir une, un peu plus grande, qui nous barrait le chemin. De l'autre côté, au lieu de la pente escomptée, il n'y avait que le vide, l'autre face étant abrupte. Nous fîmes un vol plané, comme dans les cascades des films, et atterrîmes brutalement, nous cognant la tête au plafond de la voiture, mais sans mal aux passagers ni dégâts au véhicule. À peine étions-nous arrêtés qu'Akrao, sans même serrer le frein à main, jaillit de la voiture et se mit à faire des gestes désespérés en direction du camion qui arrivait. Les autres comprirent et se détournèrent au dernier instant, évitant de très peu un accident qui aurait pu être grave. L'un des deux premiers véhicules aurait dû nous attendre pour nous avertir de la même manière. Cette petite malice aurait pu nous coûter cher. Je le dis assez sèchement à David, notre chef d'expédition, pour qu'il transmît le message aux responsables. Plus tard, je surpris une assez vive discussion en tamachek entre nos chauffeurs respectifs...

Ce voyage nous amena à Arakao, que je revis avec beaucoup de plaisir. C'est un endroit magique, où une dune gigantesque (que Robert tint à gravir au petit matin, ce qui lui prit une heure et demie d'efforts considérables) vient buter contre les montagnes noires de l'Aïr. Localement, on appelle ce lieu, où deux mondes se rencontrent, « la pince de crabe ». Entre la dune et la montagne se développe une large plaine sur 6 ou 7 kilomètres de long × 1 kilomètre de large. On me dit que c'était l'immense cratère d'un ancien volcan. Elle fut habitée en tout temps et le sol est jonché à perte de vue de vestiges archéologiques, pierres taillées, tessons de poteries, meules. Des gosses vinrent à notre bivouac, comme d'habitude, pour essayer de nous vendre pointes de flèches en silex et haches polies. À Arakao, une gorge aux parois escarpées s'enfonce profondément dans la montagne. Les deux côtés sont jonchés de roches démantelées qui forment de puissants éboulis plus ou moins mal consolidés, avec de petites falaises isolées. Les gravures rupestres y sont nombreuses. J'en vis beaucoup qui m'avaient échappé la première fois et je notai que les rochers étaient instables, se fragmentaient et s'éboulaient. L'art, avec les sujets habituels et un nombre important d'humains, paraissait relativement récent, de quelques centaines, voire de quelques milliers d'années au maximum, mais je vis aussi des gravures à patine totale, c'est-à-dire aussi sombres que la roche elle-même, sous des dessins plus tardifs, preuve d'une très longue occupation du site et de la continuité des rites.

Au retour, nous repassâmes à Iferouane, cette fois sans problèmes avec les autorités. L'avion devait venir nous chercher. Il était en retard. Au bout de une heure, il apparut au loin, vint faire le tour de la piste pour avertir tout un chacun d'avoir à s'écarter, et il se posa dans un nuage de poussière car la piste n'était pas goudronnée. Le premier groupe partit pour Agadez. Nous avions deux ou trois heures d'attente avant notre tour. Nous fûmes assaillis par « la meute » ou « les mouches » comme certains les appelaient, c'est-à-dire une nuée d'enfants et d'adolescents quémandant à qui mieux mieux ou cherchant à nous vendre des broutilles. Nous leur échappâmes non sans mal pour aller voir les forgerons qui savaient déjà tout de notre arrivée et nous attendaient patiemment, assis sur le sol à l'ombre d'un mur, leurs trésors étalés devant chacun d'eux sur un tapis. Leur chef me reconnut et me rappela exactement ce que je lui avais acheté plus d'un an auparavant. Il m'entraîna dans une case pour marchander plus au calme. Avec une conviction totale, me prenant par le bras, il me fit son boniment habituel : « Toi, tu n'es pas un touriste. Tu es un ami. Tu es revenu. J'ai des objets exceptionnels et je te ferai un prix non pas de touriste mais d'ami. » Comme nous avions beaucoup de temps, je me prêtai au jeu, m'en donnai à cœur joie et marchandai, en buvant du thé, comme jamais je ne l'avais fait de ma vie, à la surprise amusée de Renée. C'était un jeu. Le chef forgeron, qui savait fort bien que j'achèterais, y prit visiblement plaisir. Outre les très beaux portefeuilles en cuir que je convoitais, il me persuada d'acquérir en sus des croix en argent et autres bijoux dont nous fîmes des cadeaux en rentrant. L'affaire conclue, au bout d'une heure et demie, je le congratulai sur ses talents et lui dis que je savais maintenant pourquoi il était le chef. Il rit et eut la bonté – ou la malice – de me retourner mes compliments. Le courant était passé entre et nous nous mîmes alors à discuter sérieusement, ainsi qu'avec ses collègues. Ils me dirent qu'ils avaient monté une véritable coopérative artisanale dans ce centre où nous nous trouvions. Ils font des bijoux renommés, à des prix très abordables, mais le tourisme n'est pas suffisant, même depuis la fin de la rébellion et le retour au calme. Je leur conseillai de contrôler les gamins et de les empêcher d'assaillir ainsi les touristes, ce qui les effarouche, les rebute et les engage à partir sans rien acheter. Je leur promis de parler d'eux, si loin de tout dans leur oasis tout au nord du Niger, et de revenir les voir lors de mon prochain voyage.

Avant de repartir de Dabous, nous retournâmes sur le site pour une dernière visite aux grandes girafes. Le moulage avait été embarqué dans les containers et chargé sur le camion. Il se trouvait maintenant à Agadez, en instance de départ. Il fallait obtenir le permis d'exportation, après quoi il commencerait son long voyage vers la France, en camion jusqu'à Cotonou, puis en bateau jusqu'à Marseille, puis encore en camion jusqu'à Avignon où les Mérindol le réceptionneraient vers la mi-avril, si tout allait bien, et commenceraient à travailler à la première réplique, celle destinée à Agadez.

Les rochers de Dabous avaient retrouvé leur calme. Le gardien, Aoum, nous attendait, sa haute silhouette noire découpée sur le ciel. Nous lui redîmes longuement ce que nous attendions de lui quand des touristes viendraient : écarter les véhicules pour qu'ils n'arrivent pas au bord du site lui-même. Il fallait préserver son intégrité et éviter de labourer le désert de traces de pneus dans son voisinage proche. Aoum disposerait une bordure de pierre pour délimiter la large zone à respecter. Il guiderait les gens sur les rochers, toujours par le même passage bien défini, depuis le nord, pour éviter que les visiteurs ne marchent partout sur les roches gravées. Il leur indiquerait le meilleur lieu pour photographier les grandes girafes qu'ils ne devaient en aucun cas fouler. Il tiendrait un registre, avec les numéros des véhicules, les dates, les noms des gens, de leurs accompagnateurs, les nationalités. Sur ce registre, nous avions rédigé, en français et en anglais, des recommandations et des règles de conduite simples. Le salaire d'Aoum et celui de son remplaçant seraient payés pendant deux ans par la Bradshaw Foundation (ou par TARA, l'organisation de David). Après, nous espérions que l'office du tourisme d'Agadez, comme promis, prendrait la suite. Quelques mois plus tard, une journaliste française me téléphona. Elle était allée à Dabous. Aoum était là et il s'acquittait consciencieusement de sa tâche.

Il fut décidé que nous ferions creuser un puits (coût prévu : 25 000 francs) à quelques kilomètres de là où un endroit propice existait, pour que nos gardiens puissent disposer d'eau en permanence. En attendant, Sidi leur porterait des bidons et de la nourriture tous les dix jours. Naturellement, le puits servirait aussi aux Touaregs des environs.

J'espérais revenir pour finir le travail d'enregistrement des gravures. Il en manquait encore un tiers ou un quart. À quatre, il nous faudrait bien encore de deux à trois semaines environ. Je laissai un peu d'équipement chez Sidi, par superstition, pour engager l'avenir. Je fis des projets. Se réaliseraient-ils ? *Inch Allah !...*

L'entrée de la grotte de Bédeilhac

Le lit de Bédeilhac

Après une réunion des chefs de service à la DRAC (direction régionale des Affaires culturelles), début 1985, Jean-Marc Ferrari, le conseiller aux arts plastiques me prend à part. « Puis-je vous entretenir quelques instants ? » Je me demande ce qu'il peut bien vouloir au directeur des Antiquités préhistoriques que je suis, mais j'accepte. Nous allons dans son bureau.

« Voilà. Notre ministre, Jack Lang, vient de créer une nouvelle ligne budgétaire destinée à favoriser la création artistique dans des lieux classés parmi les Monuments historiques. Imaginez si, en leur temps, on avait pu commanditer ainsi des œuvres à Picasso, Matisse ou Chagall ! Beaucoup d'argent sera disponible et c'est une occasion à ne pas rater. Cela m'a donné une idée. Midi-Pyrénées possède une spécificité – les grottes – que n'ont pas la plupart des régions. On pourrait demander à des artistes – attention ! pas n'importe lesquels, des plasticiens connus et confirmés – de se rendre dans une grotte bien choisie et d'y peindre, d'y sculpter, bref, d'y laisser éclater leur talent en fonction de la conformation des parois et des salles. Ensuite, cela pourrait se visiter comme un musée d'art contemporain en un lieu intemporel. Il faudrait donc que la grotte soit spacieuse, facilement accessible et pas très loin d'une route. En connaissez-vous une qui remplisse ces conditions ? »

Je trouve cette idée un peu bizarre mais, après tout, pourquoi pas. Mon ignorance en matière d'art contemporain est quasi totale et je ne ressens aucune envie de jouer *a priori* les censeurs et les esprits obscurs.

« Oui, j'en connais une, dans l'Ariège, tout près de la RN 20, à Tarascon-sur-Ariège. C'est la grotte de Sabart, à l'entrée de la vallée du Vicdessos. Elle appartient à la commune et vous devrez obtenir son autorisation. En outre, je vous conseille vivement de consulter les spéléologues locaux qui risqueraient de s'opposer d'autant plus à votre projet qu'ils en seraient tenus écartés. »

Quelque temps plus tard, le conseiller artistique me recontacte.

« J'ai vu cette grotte. Elle serait parfaite, mais elle présente un inconvénient rédhibitoire : elle n'est pas classée.

– Bien entendu. Si elle l'avait été, c'est qu'elle aurait renfermé des peintures ou des vestiges préhistoriques majeurs, et, dans ce cas, il n'aurait pas été question d'y mener à bien votre projet. »

Un silence et une impression de froid. De toute évidence, nous ne sommes plus sur la même longueur d'onde.

« Attendez, me dit-il. Je crois avoir trouvé ce qui convient. Vous connaissez la grotte de Bédeilhac. À l'occasion de mon voyage dans l'Ariège, j'ai eu l'occasion de la voir. Elle conviendrait parfaitement et elle, elle est bien classée ! En outre, toute l'entrée est dévastée depuis longtemps et on ne pourrait pas nous objecter des problèmes de conservation. J'avoue que j'ai eu le coup de foudre pour Bédeilhac et je vous propose donc d'y réaliser le projet dont je vous ai parlé. »

Il a raison sur plusieurs points. Bédeilhac est facile d'accès, puisqu'on arrive en voiture jusqu'à son entrée gigantesque, au porche particulièrement spectaculaire. Il est vrai aussi que le sol a été nivelé sur ses trois cents premiers mètres au cours de la dernière guerre mondiale. L'armée française, dès 1938, avait occupé la cavité qui constituait un abri naturel intouchable et y avait commencé des travaux. Puis, les occupants allemands remplacèrent les soldats français et procédèrent à des nivellements complémentaires qui détruisirent tout l'habitat préhistorique. Le sol fut même cimenté pour permettre le stockage d'avions et de matériel. À la fin de la guerre, le maquis local fit sauter une partie de ce qui se trouvait dans la caverne. Pendant longtemps, la galerie de droite resta encombrée par des amas enchevêtrés de fils de fer barbelés rouillés, comme je le constatai lors de mes premières visites dans les années 1960.

Bédeilhac, à bien des égards, est une grotte martyre. L'ampleur de son porche, non clôturé jusqu'à une date relativement récente, a de tout temps attiré les curieux et suscité des fouilles non contrôlées et des activités diverses. Par exemple, il resta traditionnel, jusque dans les années 1970, d'organiser des fêtes à l'intérieur de la grotte. En 1972, un avion de tourisme réalisa l'« exploit » d'atterrir sur le terre-plein aménagé dans la caverne même et d'en repartir. On y tourna des films.

Pour l'un de ces films, qui avait comme sujet la Résistance en Ariège, on avait construit des décors en polyéthylène expansé. La première nuit, vers trois heures du matin, je fus réveillé par le téléphone. On m'annonçait que « la grotte de Bédeilhac était en feu ! » (*sic*). Il se trouve que, généralement, on sculpte au chalumeau ces blocs volumineux de polyéthylène pour aménager les décors que l'on souhaite. Ce qui ne pose aucun problème en studio se révéla désastreux à Bédeilhac où des circulations d'air existent, comme dans la plupart des réseaux de grandes dimensions. Au lieu de s'éteindre immédiatement, le polyéthylène se consuma et finit par brûler entièrement, dégageant une fumée aussi épaisse que nauséabonde. Heureusement, personne ne fut pris au piège et le courant d'air chassa la fumée vers l'extérieur, de sorte qu'il n'y eut ni victime ni dégâts apparents.

On pouvait donc comprendre l'attitude du conseiller artistique. Pour lui, après tous ces avatars, la grotte ne risquait plus rien. Néanmoins, je restai très réticent.

« Quelle est votre idée exactement ?

– Eh bien ! après leur avoir fait visiter la caverne et peut-être des grottes voisines (Niaux est à peine à quelques kilomètres), on donnerait à chaque artiste une portion de paroi qu'il (ou elle) décorerait à son gré, en fonction de son inspiration.

– Là, je ne vous suis plus. Bédeilhac est classé parmi les Monuments historiques en fonction des peintures, des gravures et des sculptures en bas relief sur l'argile qui s'y trouvent et qui datent du Magdalénien, de 13 000 ans au moins. Mélanger ainsi les genres dans la même grotte, qui fut un sanctuaire où les œuvres avaient un sens précis, me paraît un véritable sacrilège et, peut-être pis, une faute de goût. »

Un projet fut cependant monté et soumis au ministère de la Culture. Je donnai un avis défavorable en expliquant les raisons de mon opposition. Dans un premier temps, je crus bien que l'autorisation serait tout de même donnée. Puis, j'eus une idée et j'avançai un autre argument, quelque peu spécieux, je l'avoue, car il spéculait sur l'ignorance de la plupart des gens en matière de sciences dures et sur la révérence aveugle qu'elles inspirent. « Peut-on être certain que, dans quelques années ou dans quelques décennies, les progrès des analyses – par exemple des analyses au niveau moléculaire – ne permettront pas de déceler, sur ces parois apparemment vides, des peintures préhistoriques qui auront été recouvertes partiellement ou en totalité par les œuvres contemporaines que vous voulez y faire réaliser ? Quel scandale, alors, et quelles responsabilités ! ». On ne fait pas impunément appel à la crainte des responsabilités de fonctionnaires ou de politiques. Le projet fut rejeté.

Ma satisfaction fut de courte durée. Le conseiller artistique ne renonçait pas. En toute bonne foi, d'ailleurs, car il souhaitait réellement utiliser au mieux – de son point de vue – cette caverne à laquelle il s'était sincèrement attaché. Il élabora donc deux autres projets, qui furent présentés en début d'année 1987.

Le premier projet consistait à s'adresser à des plasticiens (je découvris alors que c'était le terme à employer, car on ne devait plus dire peintre ou sculpteur…). Inspirés par l'atmosphère souterraine, et éventuellement par la Préhistoire et par les œuvres d'art du lointain passé, comme dans le précédent projet, ils élaboreraient des créations, mais celles-ci seraient seulement posées sur le sol de Bédeilhac. Dans ce cas, il s'agirait d'actions réversibles, puisqu'on pourrait les enlever au bout d'un temps à déterminer, si long fût-il, et l'on ne porterait en rien atteinte à l'intégrité des parois ou des sols.

Pour me convaincre, le conseiller artistique me montra des photographies d'une des œuvres prévues, conçue par un plasticien célèbre, me dit-il. Des sortes de petits pains brunâtres, de 10 ou 15 centimètres de long × 4 ou 5 centimètres de large et d'épaisseur, étaient placés en un grand cercle de 5 ou 6 mètres de diamètre. Au milieu, il y avait un petit jet d'eau en plastique, qui évoqua à mes yeux les arroseuses des jardins. « Qu'en pensez-vous ? » « Vous voulez vraiment mon opinion ? Sans fard ? » « Oui, dites-moi exactement ce à quoi vous pensez. » Pour une fois, je fus quelque peu provocateur et grossier : « Eh bien ! pour moi, c'est de la merde ! ». « Bravo ! C'est exactement ça. C'est bien de la merde. C'est l'artiste qui a recueilli ses propres excréments, en a fait ces objets et les a fait cuire avant de les utiliser pour son œuvre. Avouez que c'est extraordinaire. Ce sens de la terrestrialité, cet attachement au concret dans ce qu'il a de plus viscéral !... » J'en restai bouche bée et ne sus que répondre.

Malgré tout, je ne donnai pas un avis défavorable – sans aller toutefois jusqu'à recommander la réalisation du projet –, car il est vrai qu'il ne comportait aucun danger pour la grotte et que, après quelques visites au Centre national d'art et de culture Georges-Pompidou et à quelques autres hauts lieux de l'art contemporain, je désespérais – à quelques rares exceptions près – d'y comprendre quoi que ce soit.

Entre-temps, des élections générales avaient eu lieu, la majorité politique du pays avait changé et les têtes n'étaient plus les mêmes au ministère de la Culture. Le projet, que je trouvais inoffensif et plutôt amusant, fut sèchement refusé par la direction de Patrimoine dont l'aval était indispensable s'agissant d'une grotte classée. La lettre, datée du 29 mai 1987, parvint dans les services dans le courant du mois de juin. On verra l'importance du détail.

Sur ces entrefaites, un autre projet avait vu le jour. Il était plus extraordinaire encore que les deux autres. Son principe de base était le même : susciter l'inspiration d'artistes à partir de l'atmosphère souterraine et de son aura de Préhistoire. Pour ce faire, on commanderait à un designer italien une chambre à coucher, c'est-à-dire un lit avec une protection *ad hoc*. Ce lit, appelé officiellement « la chambre nocturne », devait constituer en soi une véritable œuvre d'art et même « une véritable machine symbolique » (*sic*). Il serait placé loin au fond de la caverne, dans le noir absolu et il y resterait plusieurs mois. Chaque semaine, aux frais du ministère de la Culture, on ferait venir un plasticien, un philosophe, un romancier, ou autre penseur et/ou créateur ; ce ne seraient pas seulement des Français, d'ailleurs, mais des intellectuels de plusieurs pays d'Europe. Il (elle) visiterait la grotte, avant d'y passer la nuit « en solitaire » (re-*sic*). Un pot de chambre était même prévu par souci d'hygiène et d'écologie. Cette expérience extraordinaire d'une nuit dans les profondeurs et le silence de la terre ne saurait manquer d'avoir une influence déterminante sur la sensibilité et l'œuvre de celui (ou celle) qui l'aurait menée. Des créations originales en découleraient dans les jours, semaines ou mois à venir. On les réunirait, au moins sous forme de textes et d'images, dans des publications que l'on appellerait *Les Cahiers de la grotte*. Une association gérerait ce projet, appelé « Passage de la nuit ».

Je fus partagé entre le rire et l'indignation. Bien entendu, je donnai un avis extrêmement défavorable (le 5 juin 1987). J'insistai sur les dangers de cette opération. Pouvait-on être certain que, sur le nombre de visiteurs prévus – 25 ou 30 –, il ne s'en trouverait pas un pour « faire un coup » ? Supposons que l'un d'eux veuille faire parler de lui et qu'il apporte bombes à peinture ou autres équipements qui lui permettraient de réaliser une frise de son crû sur une paroi. Le lendemain, il déclarerait avoir eu une inspiration très forte, se situer dans la lignée des artistes préhistoriques et continuer ainsi – ou raviver – une tradition millénaire. Le succès de scandale serait garanti. Le conseiller artistique, à qui je m'ouvris de ces craintes, fut indigné : « Tous ces plasticiens sont des gens de grande qualité. Aucun ne serait capable de se livrer à une telle action. » J'en pris acte mais gardai quelques craintes, à tort comme on le verra.

Le projet, à ma grande surprise, reçut un avis favorable de principe du conservateur régional des Monuments historiques (le 23 juin 1987) et un avis « tout à fait favorable » du directeur régional des Affaires culturelles (le 29 juin 1987). Il fut transmis à Paris, comme il se doit – ou du moins comme il se devait alors, en ces temps de centralisation –, pour être discuté à la commission supérieure des Monuments historiques et pour décision ministérielle.

Avant qu'il soit rejeté, comme cela n'aurait pas manqué

d'être le cas, la précédente demande (celle concernant des œuvres déposées sur le sol) fut refusée, ainsi que nous l'avons vu. Le conseiller artistique, sans attendre le résultat des démarches engagées, avait fait fabriquer la chambre nocturne. Elle coûta quarante mille francs. C'était un lit banal surmonté d'une sorte de bulle en plastique tendue sur des étais métalliques, un peu comme une serre. Lorsque, courant juin, il reçut le refus de son autre projet, il réalisa que si ce dernier, relativement anodin, ne « passait » pas, celui sur la chambre à coucher n'avait aucune chance.

Début juillet, un collègue me téléphona. « Tu as vu l'émission sur France 3 ? Il paraît qu'on a installé un lit dans Bédeilhac. » Prenant tout le monde de court, avant qu'une décision ait été formellement signifiée (ah ! ces délais administratifs !...), le lit avait été installé dans les profondeurs de Bédeilhac fin juin, un artiste y avait passé la nuit et le tout avait été filmé par la télévision, contrairement d'ailleurs aux règlements en matière de grottes classées, où toute prise de vue doit être préalablement autorisée. Je téléphonai moi-même la nouvelle au conservateur régional des Monuments historiques et au DRAC. Ils furent très ennuyés, d'autant plus qu'ils étaient mis devant le fait accompli avant même que leurs avis (favorables) fussent parvenus à Paris, au ministère !

Faire enlever l'objet et annuler ce projet déjà engagé revenaient à déclencher un conflit ouvert (et public) entre deux services du même ministère. Impensable. On laissa donc faire. Lors de la réunion suivante de la commission supérieure des Monuments historiques (section grottes ornées), à laquelle j'appartenais, je déclarai à M. Bady, directeur du Patrimoine, que, tant que le lit resterait dans la grotte, j'éviterais d'y aller, quoi qu'il arrive, sauf si je recevais de sa part un ordre écrit. Je ne voulais pas me compromettre dans cette opération, que je jugeais ridicule. Il me répondit qu'il n'y aurait jamais d'ordre écrit.

Dans les mois qui suivirent, j'eus des échos de ce qui se passait. Il y eut même un grand article, favorable à l'entreprise, dans *Libération* (29 février 1988). Le conseiller artistique n'eut aucun mal à trouver des plasticiens et autres pour les faire venir, parfois de fort loin, afin de passer un week-end tous frais payés dans l'Ariège, dont une nuit dans la grotte. On me dit qu'il y en eut environ une vingtaine, et, selon les guides, un certain nombre d'entre eux ne passèrent pas la nuit vraiment « en solitaire », comme cela avait été initialement prévu...

Il n'y eut pas de dégâts, mais, un an plus tard, le lit était toujours là, désormais inoccupé, mais provoquant l'hilarité et les commentaires peu amènes des visiteurs de cette grotte ouverte au public. Je demandai qu'on l'enlevât. Le temps passa et rien ne se fit. Perdant patience, je donnai pour instruction au gardien des grottes ornées de Midi-Pyrénées, Yanik Le Guillou, d'aller dans la grotte et d'observer attentivement le lit et ses environs, car il ne pouvait manquer d'y avoir des moisissures dans ce milieu extrêmement humide. C'est bien ce qu'il constata et décrivit dans son rapport. Je transmis ce rapport à la DRAC, le 12 août 1988, avec une lettre alarmiste, où je rappelais les dégradations de Lascaux, qui aboutirent à la fermeture de la grotte. Je me gardai bien de dire que les conditions, à Bédeilhac, étaient loin d'être les mêmes : Bédeilhac est immensément plus grand que Lascaux et la pollution constatée était des plus mineures et limitée autour du fameux lit. Cette fois, le résultat ne se fit pas attendre. Un mois plus tard, le DRAC donnait des ordres pour que le lit fût enlevé. Je ne sais ce qu'il devint. Sans doute finit-il son parcours sur une décharge ou dans un grenier. L'opération « Passage de la nuit » avait coûté deux cent vingt mille francs.

Quant aux œuvres immortelles que l'on attendait de cette expérience, on n'en entendit plus parler et les *Cahiers de la grotte*, pour autant que je sache, ne virent jamais le jour.

Fouille de sauvetage dans la Montagne Noire

En novembre 1981, Bernard Olivier, spéléologue de l'Entente spéléologique de Dourgne-Revel-Sorrèze, me téléphone au nom de ses camarades. Ils viennent de découvrir une caverne sépulcrale. Des ossements humains, dont des crânes bien conservés, jonchent le sol. Les spéléologues ont même repéré des vases entiers couverts de calcite. Ce n'est pas sans mal qu'ils ont pénétré dans cette caverne inédite. Ils ont pu y accéder en se faufilant dans les plus étroites failles d'un aven voisin, l'aven Viala, en cours d'exploration depuis une vingtaine d'années. Le dernier diverticule, qu'il fallut élargir avant de déboucher dans une grande grotte inconnue, ne mesurait que dix-sept centimètres de haut. Ils n'ont rien touché, ont juste pris des photographies et m'ont prévenu immédiatement. Une telle attitude est exceptionnelle. Je les remercie et les félicite, avant de leur recommander de garder le silence le plus absolu sur leur découverte. Il faudrait qu'ils essaient de découvrir l'entrée primitive, car il est exclu que nous puissions aller travailler dans cette grotte à partir du boyau extrêmement étroit où ils se sont faufilés à si grand-peine. Il est évident que les hommes préhistoriques ont emprunté un autre passage.

Le 25 avril 1982, les spéléologues me rappellent. Ça y est, la percée a été réalisée à l'autre bout du réseau. L'accès est devenu possible. Ils me demandent d'y aller. Je m'y rends le jour même. L'entrée primitive de la grotte se trouve au flanc d'une pente très abrupte qui domine une vallée encaissée où court un petit ruisseau. Nous sommes au lieu-dit Roquemaure, au cœur de la Montagne Noire, dans le Tarn. C'est un lieu isolé de tout, qui ne devait pas être facile à atteindre il y a quelques milliers d'années. Les spéléologues ont commencé par repérer l'entrée présumée, en se basant sur la topographie de la cavité levée par l'un d'eux, Jean-Paul Calvet. Ils en ont ensuite entrepris le dégagement, ce qui a constitué un très gros travail, étant donné la présence d'un fort éboulis.

À mon arrivée, ils me font descendre dans un trou profond de trois mètres, creusé au sein de cet éboulis instable. Il ne faut pas déplacer la moindre pierre, afin de ne pas provoquer un effondrement désastreux. J'avoue que je les suis avec pas mal d'appréhension, car le danger est évident. En temps normal, je n'aurais jamais pris un tel risque, mais je ne veux pas décevoir les découvreurs qui ont hâte – et je les comprends – de me montrer les lieux.

Nous débouchons dans une vaste salle, au sol très blanc, avec des colonnes stalagmitiques. Vers le fond de la salle, le sol s'élève. Une succession de gours, comme de grandes vasques, s'est formée à cet endroit. Les parois, couvertes de draperies de calcite, portent les traces d'un intense concrétionnement qui se retrouve d'ailleurs dans la majeure partie de la grotte. Après un passage étroit, la galerie reprend, avec ses gours très cristallisés. Sur le sol, on voit effectivement des ossements humains, des poteries. Une autre salle, encore plus grande. Là, le sol est mou, avec des sédiments récents. Pas d'empreintes préhistoriques visibles. Toujours cette atmosphère de grotte vierge, intacte, si émouvante. Nous sommes les premiers ici, depuis des millénaires. Tout au fond, près du diverticule de la découverte, un squelette se devine, en partie pris dans la calcite. Je suis impressionné par l'exiguïté du passage et la difficulté de l'accès : jamais je n'aurais pu franchir l'obstacle. Heureusement qu'ils ont trouvé la véritable entrée !

Le retour par l'éboulis est tout aussi périlleux que l'aller. Grâce au ciel ! – et à nos extrêmes précautions –, il se passe bien, sans accident. Je demande aux découvreurs de continuer les travaux et d'aménager une entrée moins dangereuse. C'est ce qu'ils font dans les semaines suivantes, avec efficacité, évacuant des dizaines de mètres cubes de pierres, avant d'installer bout à bout quatre buses en ciment sur lesquelles ils accumulent une épaisse couche de terre et de cailloux. Ils conçoivent même et mettent en place un ingénieux système de fermeture pour éviter les intrusions intempestives. Lors des fouilles que nous devions mener dans la grotte, le parcours au long de ces buses me devint très familier, puisqu'il nous fallut chaque fois ramper sur six mètres dans cet étroit boyau avant d'atteindre la première salle ou pour en sortir. Claustrophobe, s'abstenir, mais la sécurité était à présent assurée.

Une fouille de sauvetage urgent s'imposait, dans les plus brefs délais. D'abord, pour répondre aux attentes des spéléologues qui souhaitaient voir les travaux commencer le plus tôt possible. Ils avaient bien mérité qu'on fît droit à leur demande. Ensuite, en raison de l'isolement du site. La nouvelle de la découverte s'ébruiterait vite. Or, l'expérience prouve qu'un site abandonné ne résiste pas longtemps aux vandales, quelles que soient les fermetures. Jean-Pierre Giraud, mon proche collaborateur, accepta de faire cette fouille en association avec moi. Les autres membres de l'équipe de la direction des Antiquités préhistoriques de Midi-Pyrénées, François Rouzaud, Yanik Le Guillou, Michel Allard, Christian Servelle, viendraient ponctuellement nous aider. Henri Duday, éminent anthropologue, fouillerait les sépultures les mieux conservées. Les spéléologues-inventeurs de l'Entente participeraient à nos recherches tant qu'ils le voudraient ou le pourraient, ainsi que plusieurs spéléologues amateurs du Tarn, sous la conduite de mon correspondant départemental, Jean Lautier. Parmi eux se trouvait un père bénédictin de l'abbaye d'En Calcat. Il nous suggéra, faute d'hôtel dans les environs, de demander l'hospitalité au monastère, où nous pourrions être hébergés. Ce que nous fîmes.

Cette année-là, nous procédâmes à deux campagnes de fouilles à Roquemaure, en mai et en décembre. Ce fut une expérience étrange. Après le petit déjeuner à l'abbaye, nous prenions le chemin de la grotte pour y travailler toute la journée, avec une brève pause à midi. Nous ressortions alors de la caverne pour prendre notre repas à la lumière du jour. Nous faisions beaucoup fonctionner nos muscles abdominaux avec toutes ces reptations le long des buses… Le soir, il fallait être de retour au monastère à temps pour le repas qui commençait à dix-neuf heures vingt-cinq très précises, comme nous l'expliqua le père hôtelier. Pas question d'avoir trois minutes de retard : à l'heure exacte, on fermait les portes. Certains soirs, ce furent des courses folles sur les routes de la Montagne Noire, quand nous avions voulu terminer un travail en cours. Ce fut d'ailleurs la raison qui nous fit rechercher un autre lieu de séjour l'année suivante, lorsque nous revînmes fouiller à Roquemaure une dernière fois.

Ce premier soir, Jean-Pierre Giraud, Henri Duday et moi pénétrons dans le réfectoire, grande salle voûtée où se tiennent une soixantaine de moines, tout de noir vêtus dans leurs robes, les plus âgés avec le capuchon enfoncé jusqu'aux yeux. L'un d'eux dit le bénédicité, les autres répondent en chœur. Ils s'assoient. Nous faisons de même et je demande à Jean-Pierre de me passer le pain. J'ai parlé normalement, ignorant que les bénédictins pratiquent la règle du silence. Soixante paires d'yeux se tournent vers moi, choqués. Je suis confus. Ce mécréant de Jean-Pierre rigole sans bruit. Le repas est simple et convenable. On nous sert même du vin. L'un des moines monte en chaire et lit un texte, pendant que les autres avalent leur repas à toute allure, dans le plus profond silence.

Il devait y avoir un tour pour ces lectures, car ce ne fut jamais le même qui s'acquitta de cette tâche. À chacun de nos séjours, nous eûmes droit à deux histoires différentes, celle de dom Bosco et celle de sainte Thérèse d'Avila. Nous étions un peu frustrés, car nous manquions la moitié des épisodes en raison de notre absence au repas de midi. Un soir, un morceau de musique – du Mozart, je crois – remplaça la lecture. Une autre fois, à notre grande surprise, le père de service lut un article du journal *Le Monde* sur la guerre des Malouines, qui sévissait à cette époque.

Si j'ai retenu une partie de ces histoires de longue haleine, c'est en raison de deux anecdotes. Dom Bosco appartenait à une famille aisée. Sa mère, pour laquelle il éprouvait un profond attachement et qu'il vénérait, avait une servante. En faisant le ménage, celle-ci fit tomber un vase auquel la mère du saint tenait beaucoup. Il se brisa en mille morceaux. Elle n'adressa pas de reproches à sa bonne, mais elle se mit à pleurer silencieusement. Dom Bosco le vit et en fut ému. Il regarda alors fixement les tessons épars et voilà que ceux-ci se rassemblèrent et que le vase retrouva son intégrité première. Ce fut son premier miracle. Jean-Pierre et moi, à cet instant, nous nous sommes regardés, avant de détourner les yeux pour ne pas succomber au fou rire qui nous menaçait. Nous avions eu la même pensée. En effet, nous passions nos journées à fouiller une couche archéologique pleine de fragments de poteries cassées. Quelle chance ce serait si nous avions les talents de dom Bosco ! Plusieurs moines eurent un petit sourire en écoutant cette histoire qui, de toute évidence, leur paraissait un peu trop édifiante et difficile à croire.

En revanche, nous n'observâmes aucune réaction visible à la narration de la vie monastique de sainte Thérèse d'Avila et de ses visions. Pourtant, certains épisodes étaient torrides et nous fûmes tout surpris et amusés de les écouter dans cette pieuse enceinte. Elle parlait, si je me souviens bien, de « l'amant divin », avec des expressions à claire tonalité érotique, du genre « il approche, je le sens, je brûle toute, il pénètre en moi », etc. Plus tard, je devais m'intéresser à cette mystique, car les expériences qu'elle décrit sont de véritables transes. Pour les faciliter, elle employait, sans le savoir, des méthodes chamaniques : le jeûne, la souffrance, la concentration mentale, et même la maladie, puisque ses visions étaient beaucoup plus fortes et précises lorsqu'elle était souffrante.

Dans la grotte, les conditions de travail étaient pénibles, en raison de la très forte humidité qui atteignait la saturation, de sorte qu'il tombait souvent des gouttes non seulement sur nous mais, bien pire, sur nos feuilles de relevés. Elles s'imprégnaient d'eau et il devenait de plus en plus malaisé d'y écrire et d'y dessiner. Nous avions tiré des fils depuis un groupe électrogène, placé à l'extérieur à cause des vapeurs et du bruit. Nous nous éclairions donc à l'électricité dans la salle la plus proche de l'entrée. Les fouilles plus avant dans la grotte se faisaient à la chaude lumière des lampes à carbure. Quand le groupe électrogène tombait en panne sèche, il fallait ressortir en rampant dans les buses pour l'alimenter et le relancer.

J'avais très peur du vandalisme et des fouilles clandestines. D'ailleurs, il y en eut plus tard. Devant les risques évidents que couraient les vestiges les plus spectaculaires (vases, crânes humains), nous les enlevâmes en priorité, après les avoir repérés sur le plan, dessinés et photographiés. Dans un second temps, nous procédâmes à la fouille des secteurs de la grotte où des accumulations de vestiges ou des traces de feux témoignaient d'activités plus ou moins importantes. Nous finîmes par avoir une vue assez complète de ce qui s'était passé dans cette cavité.

Avant son colmatage par l'éboulis, l'entrée primitive avait 3 mètres de large × 2 mètres de haut environ. Au plus étroit, elle avait été barrée par une série de gros blocs verticaux fichés dans le sol. La grande salle à laquelle le passage donnait accès était occupée par un important habitat chalcolithique. Nous pûmes le dater par la méthode du radiocarbone entre 3 820 ± 90 avant le présent pour la couche la plus profonde et 3 600 ± 90 avant le présent pour une couche plus récente. Les dates radiocarbone ne correspondant pas exactement au passage effectif du temps, il faudrait rajouter environ un millénaire pour avoir les années réelles. Des gens qui pratiquaient l'agriculture et l'élevage sont donc venus vivre pendant quelques dizaines d'années dans ce lieu isolé mais protégé. Ils y ont laissé une quantité de poteries brisées, les traces de leurs feux et de leurs activités culinaires, avec de très nombreux ossements appartenant à divers animaux (bœufs, suidés, moutons). Les couches superposées indiquaient des habitats discontinus dans le temps. Nous devions également trouver quelques outils tels qu'une hache polie, une pointe de flèche en silex, des racloirs à encoche et une grande lame, également en silex, et des éléments de parure (perles faites avec des coquillages ou des pierres diverses, comme la stéatite, la calcite, une roche verte).

Dans les vasques naturelles des gours, ainsi que dans le fond de la caverne, furent déposés des cadavres, sans protection apparente. Nous fouillâmes ce qui restait des squelettes et nous pûmes reconstituer les activités des chalcolithiques et les restituer dans le temps. D'après les décors et les moyens de préhension de leurs poteries, ces gens appartenaient à une culture que les préhistoriens spécialistes de ces périodes « récentes » appellent le Vérazien. Ils avaient placé leurs morts dans les gours les plus hauts, qui constituaient des sortes de tombes toutes faites. Quelque temps après l'abandon des cadavres, alors que la putréfaction avait fait son œuvre, de très forts ruissellements entraînèrent des os vers le bas. Certains de ces os étaient encore reliés entre eux par les ligaments, de sorte que nous mîmes au jour des mains et des bras entiers isolés. Ce phénomène se reproduisit à plusieurs reprises.

Ce qui nous surprit fut de constater que les traces d'habitat (feux, céramiques, ossements d'animaux brûlés et brisés) et les sépultures furent plus ou moins concomitants. En effet, nous les trouvâmes superposés les uns aux autres, selon les lieux, avec tous les cas de figures possibles. Parfois, les séjours étaient antérieurs aux dépôts de cadavres. En d'autres occasions, c'était l'inverse. Cependant, plus on s'enfonçait dans la caverne et plus les séjours constatés étaient rares et de courte durée, avec peu de vestiges. Tout au fond, Henri Duday fouilla le squelette d'une femme relativement âgée, placée en position contractée. Elle était parée d'un collier de quatre-vingt-neuf perles diverses dont les connexions indiquaient un arrangement complexe. D'autres positions repliées furent également constatées pour certains squelettes dans d'autres parties de la grotte. La femme âgée reposait sur un niveau de calcite qui recouvrait une couche charbonneuse. Les traces d'habitat étaient-elles en liaison avec les rites funéraires ? Ou au contraire se passa-t-il plusieurs dizaines d'années – laps de temps impossible à déterminer avec précision par les méthodes dont nous disposons actuellement – entre les sépultures et les séjours ? Nous ne le saurons probablement jamais.

Pendant ce temps, nous nous accoutumions à la vie paisible de l'abbaye. Dans notre cellule, nous avions chacun la règle de saint Benoît. Jean-Pierre, toujours curieux, la lut attentivement et il fut frappé par l'étendue considérable des pouvoirs de l'abbé. Je pensai que ce devait être un personnage. Lors du repas suivant, je m'amusai à examiner les moines, tous identiques sous leurs robes noires, pour essayer de deviner lequel ce pouvait être. Je n'eus aucun mal à repérer un homme d'une cinquantaine d'années dont le regard vif se déplaçait des uns aux autres, veillant au grain. Mon diagnostic fut confirmé quelques jours plus tard, lorsque nous déambulions dans les couloirs avec le révérend père Pierre Marie (entre nous, nous l'appelions RPPM). C'était le paléontologue amateur qui nous avait fait venir à l'abbaye. Comme il était très sourd, il parlait fort ; nous aussi pour qu'il pût nous entendre. Notre conversation rompait le profond silence habituel. Nous vîmes rapidement surgir d'un couloir le moine que j'avais identifié. Il venait voir la cause du tapage et, de toute évidence, y mettre bon ordre. En nous voyant, il comprit, sourit et nous laissa.

Un soir, le père hôtelier vint me trouver pour me dire qu'un de leurs frères souhaitait m'entretenir. Accepterais-je de le recevoir dans ma cellule ? Il vint et me raconta sa vie. Il avait envie de parler. Avant de devenir moine, il avait eu une vie « normale », avait travaillé, fait la fête comme tous les jeunes. Par hasard, dans la trentaine, il avait visité l'abbaye. Il avait été séduit et tenté par la sérénité de cette existence hors du temps. Après quelques stages probatoires, il y était resté. Cela faisait maintenant de nombreuses années, et il ne s'était jamais senti aussi heureux. Je trouvai cet homme épanoui, en paix avec lui-même, même s'il me dit très franchement que la vie en communauté n'était pas toujours drôle et exempte de difficultés.

Après chaque repas du soir, les moines faisaient la vaisselle. Certains lavaient les assiettes, couverts et plats, et les plaçaient devant eux, sur la paillasse carrelée des éviers. D'autres les prenaient et les essuyaient. D'autres encore les rangeaient. Avec Jean-Pierre, nous participions chaque soir à cette corvée volontaire, toujours en silence bien entendu. En général, j'essuyais. Je prenais tout ce qui venait, machinalement. Un soir, je vis Jean-Pierre secoué de rires muets, tandis que les moines autour de nous souriaient en me regardant. Qu'avais-je donc fait ? Je ne comprenais pas. Quand nous fûmes sortis et eûmes retrouvé RPPM dans son petit laboratoire, où il était licite de converser, Jean-Pierre m'expliqua que ce que j'avais essuyé en dernier, avec autant de soin que les assiettes et les verres, au grand amusement des moines qui nous entouraient, c'était le tuyau de vidange de l'évier ! L'incident, nous dit plus tard RPPM, fit le tour de l'abbaye et les moines s'en amusèrent beaucoup.

J'ai souvent repensé à notre séjour à En Calcat. Le soir, de notre lit, nous entendions au loin les moines chanter dans leur chapelle. J'aurais bien aimé participer à ces offices, mais nous étions trop fatigués après notre dure journée de travail dans la caverne. Les cloches sonnaient le matin à cinq heures trente, appelant les bénédictins à matines. Leur vie était rythmée par les offices. J'aime trop le tumulte de la vie, les voyages, les contacts et les discussions pour m'épanouir dans cette atmosphère immobile et feutrée. Par contre, je fus séduit par le calme et la sérénité ambiants. Quel endroit pour se concentrer, réfléchir, écrire ! L'idée me vint, de temps en temps, que ce serait un lieu idéal pour y passer deux ou trois semaines dans la méditation et le travail. Cela en resta là, je ne l'ai jamais fait.

America ! America !

Pendant des années, j'ai cru que je n'irais jamais aux États-Unis. Je n'avais pas de véritable invitation, bien que je fusse bilingue. Cela survint sur le tard. Ma collègue, Meg Conkey, professeur à Berkeley, me fit inviter par son université comme *visiting professor* en 1991. J'y passai quelques semaines à l'automne. J'en ai gardé le souvenir vivace d'un lieu de soleil et de travail, bouillonnant d'activité, où il se passe toujours quelque chose. Les possibilités sont infinies. On trouve tout, sans la moindre difficulté, dans les bibliothèques et les musées. On rencontre sans cesse des collègues en visite ou des spécialistes d'autres disciplines, car l'université est organisée pour faciliter les contacts. Le choix n'est pas simple entre les séminaires, les conférences et autres réunions qui sollicitent tous les jours l'attention. Mon seul regret fut de ne pas pouvoir rester plus longtemps dans cette atmosphère intellectuellement si stimulante. J'en profitai pour nouer des relations et pour visiter des sites d'art rupestre, en Californie et au Nouveau-Mexique. Depuis, je suis revenu aux États-Unis quasiment chaque année, parfois à plusieurs reprises, pour des conférences, des congrès, des expertises, des excursions sur le terrain, dans tout le pays.

Mon premier contact avec l'art rupestre américain, encore trop méconnu, eut lieu au Nouveau-Mexique. J'avais été invité, pendant mon premier séjour, à faire une conférence à Albuquerque. La spécialiste de cette région, Polly Schaaftsma, m'amena voir un grand site, Indian Hill, à quelques dizaines de kilomètres au sud de la ville. En ce mois de novembre 1991, il faisait froid – ce qui me changeait de la Californie – et il avait même neigé, de sorte que certaines gravures disparaissaient sous la neige. L'endroit était désert. Nous gravîmes la colline et commençâmes à apercevoir des têtes gravées, chacune différente, des sortes de masques rituels étranges qui se détachaient sur le fond noir de la roche volcanique sur laquelle ils avaient été piquetés. Sur le haut de l'éminence, qui dominait l'immense vallée du Rio Grande, le large entablement entre les deux versants était jonché de tessons de poteries, de fragments de meules, d'éclats de chaille taillés. Quelques centaines d'années plus tôt, ces lieux avaient été intensément habités. Au fil des ans, je devais apprendre à bien connaître cet art du Rio Grande, qui date d'environ 800 ans, avec ses personnages caractéristiques, ses gravures de serpents à sonnette, d'oiseaux, de mains, et, de temps en temps, la silhouette du joueur de flûte bossu, dit Kokopelli, que l'on retrouve sur de nombreux sites du Far West.

Le lendemain, Lawrence Straus, le collègue qui m'avait invité à Albuquerque, me proposa d'aller à Santa Fe. Ce nom, légendaire pour tous les amateurs de westerns, m'avait toujours fait rêver. Dans la voiture, il me demanda si j'avais déjà rendu visite à une réserve indienne, car l'autoroute en traversait plusieurs. Nous prîmes la première sortie, au hasard, pour aller dans le plus proche village. Les rues n'étaient pas goudronnées. On voyait des voitures près de maisons au toit couronné d'andouillers de cerfs. Avant de sortir du véhicule, il m'avertit : pas d'appareil photographique ni de magnétophone. Notre présence serait tolérée à condition de respecter ces interdictions. Les rues étaient vides, ce qui l'étonna en ce dimanche. À ce moment, comme s'ils n'avaient attendu que nous, nous entendîmes des battements de tambours. Cela devait provenir de la *plaza*, la grande place au centre du village. Nous nous y rendîmes.

Tout le village, hommes, femmes, enfants, y était. Les gens, habillés de lainages aux couleurs vives et contrastées, occupaient tous les bords de la *plaza*, dans un silence impressionnant. Il y avait bien huit cents personnes. Une procession déboucha d'une ruelle. Une dizaine de joueurs de tambour étaient entourés de trente ou quarante individus, vêtus de façon traditionnelle, portant des plumes d'aigle dans les cheveux ou de spectaculaires coiffures comme on en voit dans les films. Certains avaient les chevilles cerclées de clochettes ou de crécelles. D'autres brandissaient des lances et des haches. C'était un spectacle surgi du fond des âges. J'étais ému et stupéfait, car jusque-là j'avais toujours été persuadé que ce genre de cérémonie avait depuis longtemps disparu. J'éprouvai quelque inquiétude : nous étions les seuls Blancs présents. Je me penchai vers mon collègue et lui murmurai : « Ils vont nous flanquer dehors ! » – « Ne bougeons pas. On verra bien. » Au centre de la *plaza*, les chants et les danses continuaient. Les participants souriaient ou riaient franchement, en psalmodiant et en tournoyant en cadence. C'était la fête et ils s'amusaient bien. En revanche, les spectateurs ne disaient mot et ne manifestaient aucune émotion. Au bout de une heure, une femme nous proposa de nous asseoir sur une couverture posée à même le sol. Notre présence était admise, bien que personne ne nous adressât la parole. Nous passâmes des heures dans cet autre monde avant de reprendre la route de Santa Fe, et la fête continua après nous. J'essayai de me renseigner, mais je ne pus jamais savoir quelle en avait été l'occasion ou la raison. Il est certain, en tout cas, qu'il ne s'agissait pas d'une fête habituelle. Si cet événement avait été connu, si près de deux grandes villes, les spectateurs blancs auraient été nombreux. Lawrence Straus, qui habitait Albuquerque depuis dix-sept ans, n'avait jamais rien vu de tel.

Il m'arriva, depuis, de traverser d'autres réserves, de rencontrer des Indiens de diverses tribus – Cheyennes, Hopis, Navajos, Yakamas, Zunis, Nez Percés – et de converser avec eux, mais cela resta assez superficiel. Il faut longtemps pour gagner leur confiance et je ne faisais que passer. J'eus cependant trois expériences mémorables.

Toujours en 1991, David Whitley, spécialiste de l'art rupestre californien, consacra plusieurs jours à me faire visiter des sites. Nous devions devenir amis et nous continuons à nous retrouver périodiquement sur le terrain. Cette année-là, il me conduisit à Rocky Hill, dans le centre de la Californie. Notre petit groupe était attendu par un Indien Yokuts, Hector Franco, qui devait nous servir de guide. C'était le gardien spirituel du site, après son père – nous dit-il – et son grand-père. Un homme dans la force de l'âge, solide et bien bâti. Il était accompagné de son jeune fils. Il nous accueillit assez froidement. Il faisait cette visite parce qu'on le lui avait demandé, mais il n'avait guère de temps. À seize heures, une cérémonie était prévue au village et il fallait qu'il y fût. Il nous dit que, pour les esprits qui hantaient les lieux, nous étions des étrangers. Ceux qui résidaient dans les rochers où nous nous trouvions étaient puissants et dangereux. Si nous allions voir les abris ornés immédiatement, il nous arriverait malheur : nous pourrions tomber d'une roche et nous briser un membre, ou encore être mordus par un serpent à sonnette. Pour éviter cela, il fallait que les esprits nous connussent. Une cérémonie était donc indispensable.

Il nous amena un peu plus loin, près d'une paroi ornée de dessins rouges assez anciens. Là, il nous fit un véritable sermon sur le mal que les Blancs avaient causé aux Indiens. Cela dura assez longtemps... Nous écoutions dans un silence respectueux. Puis, il se mit à chanter, psalmodiant un chant sacré tandis que son fils faisait de la musique en agitant des sortes de maracas. Il nous demanda ensuite de faire une offrande aux esprits. D'une poche en cuir, qu'il portait à la ceinture, il sortit des pincées de tabac et nous les distribua. À sa suite, nous allâmes l'un après l'autre déposer des brins de tabac dans des fissures de la paroi, sous les peintures. Je fus touché d'accomplir à mon tour ce geste millénaire. Cela me rappela les grottes pyrénéennes, où les magdaléniens avaient placé des esquilles d'os dans les fentes naturelles, peut-être eux aussi pour entrer en contact avec les puissances cachées derrière la roche ou pour les apaiser. J'avais étudié ces comportements et écrit des articles à leur sujet, et voilà que je les reproduisais !

Nous partîmes visiter le site. Devant une paroi couverte de cupules, Hector pesta. Deux ou trois boîtes de bière avaient été jetées là. « Les gens ne respectent plus rien ! Cet endroit est sacré. C'est là qu'ont lieu des cérémonies pour la puberté des jeunes filles », laissa-t-il échapper dans sa colère. Un peu partout dans le monde, les cupules sont utilisées comme symbole féminin. Nous étions confrontés, concrètement, à un exemple de plus. Je lui demandai si je pouvais photographier les zones ornées. Il hésita, persuadé que le flash pouvait abîmer les peintures. David l'assura que j'étais un spécialiste de ces problèmes et je lui confirmai l'innocuité totale du procédé. Il accepta, mais lorsque je lui proposai de le photographier devant les œuvres, il regimba : « Je suis connu pour avoir cassé quelques appareils photo !... » Cela me fit sourire et je lui répliquai que je n'en doutais pas ; c'était une simple demande et je me conformerais à ses décisions. Finalement, il se laissa faire sans déplaisir.

Devant une petite cavité, entre deux énormes blocs, je remarquai des barres rouges verticales et je lui posai la question de leur signification. « Cela indique que les lieux

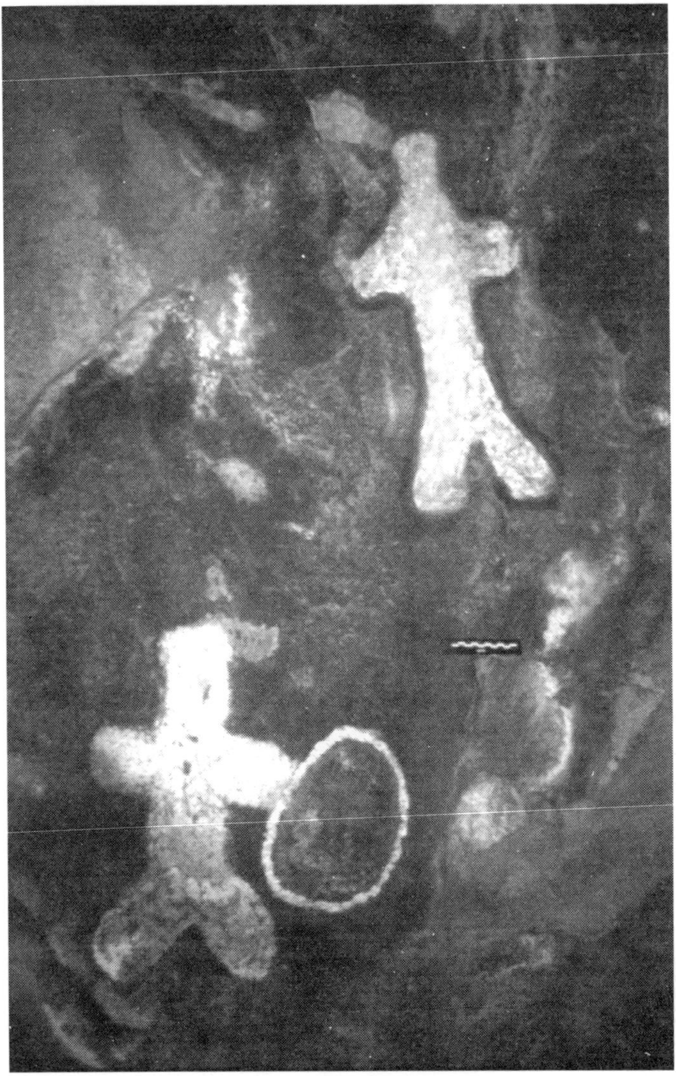

À Rocky Hills, en Californie, ces peintures représentent des hommes-ours, dont l'un tient peut-être un tambour.

sont accessibles à des initiés du deuxième degré. » Je pensai que, sans une explication directe, il eût été absolument impossible de deviner la raison d'être de ces signes, ce qui est le cas pour tous les arts rupestres devenus fossiles, lorsque leurs créateurs et utilisateurs ont depuis longtemps disparu.

Nous passâmes des heures à examiner une paroi ornée après l'autre. Je réalisai brusquement qu'il était plus de seize heures et je le dis à Hector, me remémorant son avertissement initial. Il haussa les épaules et me répondit qu'il avait le temps et que la cérémonie attendrait. La confiance était revenue. David l'interrogea sur la signification des peintures. L'une d'elles représentait ce qui me parut être un humain un peu stylisé. Il tenait un objet ovale à la main. Je pensai qu'il pouvait s'agir d'un chaman avec son tambour. « C'est un ours », me dit Hector. Surpris, je répliquai : « Tiens ! j'aurais cru qu'il s'agissait d'un homme. » – « C'est la même chose. » Il n'en dit pas plus. David m'expliqua ensuite qu'au cours des visions hallucinatoires, recherchées dans les lieux isolés, il arrive souvent qu'un esprit de forme animale – appelé *spirit-helper*, c'est-à-dire esprit auxiliaire – apparaisse à celui qui s'était préparé à la vision. D'une certaine façon il devenait cet esprit. En l'espèce, il était donc à la fois homme et ours. La réponse de notre guide était parfaitement cohérente, dans sa logique à lui qu'il fallait connaître.

Vers la fin de notre visite à Rocky Hill, après que j'eus montré mon vif intérêt et mon profond respect pour cet art et pour les croyances de ceux qui l'avaient créé, Hector m'expliqua que la dalle inclinée sur laquelle j'étais assis, juste au-dessous d'une voûte basse ornée de dessins, était l'endroit où, encore maintenant, on faisait coucher les malades lors des cérémonies de guérison. Nous étions seuls dans cette petite grotte. Pour attirer sur moi la bienveillance des forces occultes qui l'imprégnaient, il se mit à chanter sous les peintures pariétales. J'en avais des frissons dans le dos. Ce fut un moment magique, dans tous les sens du terme.

Beaucoup plus récemment, le 1er juin 1999, je me trouvais tout au nord-ouest des États-Unis, dans l'État de Washington, non loin du Canada. Mon collègue et ami Jim Keyser nous avait invités, David Whitley et moi-même, ainsi qu'un spécialiste sud-africain de la conservation, Jannie Loubser, à visiter une grande île sur la Columbia River, où il souhaitait monter un programme d'étude et de surveillance des conditions permettant la conservation de l'art rupestre. Un Indien Yakama, Gregg Kiowa, nous accompagnait. Il ne parlait pas beaucoup, seulement – très brièvement – quand on s'adressait à lui. L'art était dispersé en petits panneaux, avec surtout des peintures rouges et blanches et quelques gravures. L'un des sites ornés présentait un motif haut d'une vingtaine de centimètres, représentant une sorte d'arceau (une tête ?) peint en rouge, ouvert vers le bas, hérissé de courts rayons parallèles sur le bord extérieur ; l'intérieur était peint en blanc. Ce dessin était superposé à tout un nuage de points rouges. Je pensai d'abord qu'ils avaient été faits au doigt, avant de réaliser qu'on voyait des quantités de ces ponctuations rouges dans toute cette zone et qu'il s'agissait d'une oxydation naturelle de la paroi. Gregg était près de moi. Je lui fis part de mon intérêt et lui dis, pensant à voix haute, que je me demandais si le motif peint l'avait été en relation avec ces petites taches ocres qui ne pouvaient manquer d'attirer l'attention. « Oui, sans doute, me dit-il. Ces points rouges ont dû évoquer pour eux la rougeole ou la variole. » D'abord interloqué, je me rappelai ensuite l'histoire récente de cette région de la Columbia River, dont les tribus furent décimées, au XVIIIe siècle, par les épidémies de maladies contagieuses apportées par les Blancs. Le plus souvent, ces maladies, répandues par des colporteurs ou des voyageurs qui avaient été en contact avec les envahisseurs dans des contrées plus ou moins éloignées, précédèrent leur arrivée sur les lieux. Les Indiens ne comprenaient pas ce qui leur arrivait. Les esprits étaient en colère contre eux. Leurs pratiques religieuses habituelles demeuraient inopérantes. Une partie de l'art rupestre original du pays fut alors créé de façon propitiatoire, pour lutter contre les influences maléfiques nouvelles. L'explication de Gregg s'expliquait totalement dans ce contexte, dont la mémoire s'était perpétuée jusqu'à nos jours dans les tribus grâce à la persistance des traditions orales. Un moment comme celui-ci, où une remarque anodine éclaire une œuvre d'art rupestre et nous fait pénétrer au cœur même d'une culture différente que l'on croyait à jamais disparue, est un rare privilège et un instant de pur bonheur. Nous comprenons brusquement ce qui s'est passé. Que peut demander de plus un chercheur ?

Ce jour-là, Gregg devait nous apporter une autre information du même type, encore une fois de manière inattendue. Nous étions devant un tout petit panneau, situé à plusieurs mètres de hauteur au flanc d'une grande roche basaltique. On l'atteignait en grimpant sur le côté. Il comprenait une demi-douzaine d'images de mouflons gravés et peints. Immédiatement en avant des représentations et un peu au-dessous d'elles, une corniche large de quelques dizaines de centimètres nous permit de nous étendre pour prendre des photos. Jim et David devisaient. Jim lui dit : « Ils devaient s'allonger là dans leur quête des visions. » Gregg intervint de lui-même : « Non, non. Ils ne s'allongeaient pas. Ils restaient assis, en chantant. Ils pouvaient demeurer là plusieurs jours – jusqu'à sept –, sans manger, à attendre que la vision les envahisse. » Nous nous regardâmes, stupéfaits par cette confirmation et par ces détails non sollicités. « Mais, pendant tout ce temps, faisaient-ils face à la roche ? » – « Non, ils regardaient vers l'est, vers le soleil levant et le mont Hood [le plus élevé de la région, avec son sommet enneigé à 3 428 mètres]. » – « Pensez-vous qu'une seule personne aurait fait ces mouflons ou plusieurs ? » – « Oh ! une seule, bien entendu. On ne pouvait laisser une vision inachevée. Il fallait la concrétiser sur la roche. » Nous eûmes la même pensée, car nous venions d'un congrès international, à Ripon, dans le Wisconsin, où l'un de nos collègues anglais, Paul Bahn, s'était livré publiquement à une attaque d'une violence extrême contre ce type d'interprétations, prétendant qu'il n'existait aucun témoignage ethnologique fiable à leur sujet, que l'art rupestre était partout devenu fossile et qu'on ne pouvait rien dire de sa (ou ses) signification(s) sans tomber dans le délire. Quel démenti cinglant et imprévisible, à moins d'une semaine d'intervalle !

Ma troisième rencontre mémorable avec un Indien eut lieu à Zuni, dans le nord de l'Arizona. Notre petit groupe, sous la conduite de David Whitley, se rendait à Canyon de Chelly, lieu extraordinaire dont je reparlerai. Quelqu'un nous avait recommandé d'aller voir l'église de Zuni si nous passions par là et en avions le temps. C'était une petite église catholique en adobe, de type mexicain. Elle avait été reconstruite depuis relativement peu de temps. À l'intérieur, deux hommes montés sur un échafaudage travaillaient à des fresques. L'un d'eux vint à nous, l'autre nous jeta un bref regard et continua son travail. Notre interlocuteur nous expliqua que, avec son frère, ils terminaient une œuvre entreprise de nombreuses années auparavant par des membres de leur famille. Leur grand-père avait reconstruit l'église tombée en ruines. Leur père avait commencé à l'orner de peintures traditionnelles. Ils poursuivaient son travail pour le mener à bonne fin.

Les fresques en question occupaient les deux longs côtés de l'église. Elles se trouvaient entre 2 et 4 mètres de hauteur au-dessus des cartouches d'un chemin de croix classique, tels qu'on les voit dans tant d'églises européennes, d'une banalité totale. En revanche, les peintures polychromes qui les surmontaient étaient à tous égards remarquables, tant par la qualité de leur exécution que par les sujets figurés. Ces véritables œuvres d'art, détaillées, vivantes et expressives, représentaient des personnages de la mythologie Zuni. À droite, les deux hommes de tête portaient les mêmes habits de cérémonie, riches et complexes. La coiffure du premier était surmontée de deux cornes de bison, tandis que le second n'en avait qu'une. J'en demandai la raison, si on pouvait la connaître. Constatant notre vif intérêt, notre interlocuteur ne se fit pas prier et nous passâmes plus de deux heures à lui poser des questions et à écouter ses explications. Le premier personnage, celui à deux cornes, connaissait l'histoire complète de la tribu et pouvait la réciter, mot à mot, avec les inflexions voulues. Cela prenait six heures trente. Le second était son double, son remplaçant éventuel en cas de malheur. Lui aussi connaissait cette histoire sacrée, qu'on ne pouvait risquer de perdre mais, n'étant pas le conteur titulaire, il n'avait droit qu'à une seule corne.

À ce propos, il attira notre attention sur une autre figure, celle d'un homme plus petit, aux traits et aux vêtements moins distincts et moins détaillés que ceux des autres. C'était l'homme écho. Nul ne savait plus exactement quels étaient son rôle et ses fonctions, car il était mort des années auparavant dans un accident de voiture, sans avoir pu former un successeur. C'était une grande perte pour la tribu. Ils essayaient de retrouver des renseignements à son sujet, dans les universités d'Albuquerque et d'UCLA à Los Angeles, au cas où des ethnologues auraient noté les détails de son rôle, ce qui leur permettrait de récupérer un personnage de leur mythologie.

Nous lui demandâmes comment les croyances traditionnelles Zuni pouvaient se combiner avec le catholicisme. « Il n'y a aucun problème de coexistence. Mon frère et moi sommes de bons chrétiens. L'essentiel, c'est de croire au monde surnaturel et de mener des vies harmonieuses. Le reste, ce sont des détails qui n'ont rien de contradictoire. » Ce syncrétisme bon enfant me toucha et m'amusa. Plus encore lorsqu'il nous révéla que la dernière figure qu'ils comptaient peindre, au-dessus du chœur, était celle du Christ portant un collier de turquoises, la pierre précieuse entre toutes des Indiens du sud-ouest. Sans doute cette œuvre est-elle finie maintenant. J'espère revenir un jour à Zuni voir le Christ avec son collier indien et demander si l'homme écho a été retrouvé.

Après Zuni, notre petit groupe se rendit à Canyon de Chelly. Nous y passâmes deux ou trois jours à y rechercher des sites d'art rupestre, avec l'aide de l'archéologue officiel du site. Depuis l'immense entablement rocheux, dénudé et désertique, à près de deux mille mètres au-dessus du niveau de la mer, nous descendîmes dans l'un des profonds canyons par un chemin escarpé qui sinuait entre les falaises. Ce printemps avait été pluvieux et, au fur et à mesure de notre progression, nous fûmes frappés par le contraste entre la luxuriance du fond de vallée, l'aridité du plateau d'où nous venions et le rouge des falaises, hautes de dizaines de mètres, qui changeaient de couleur sous le soleil. Nous passions d'un monde à un autre, à la recherche des Anasazis qui avaient habité au pied de certaines de ces falaises un millénaire plus tôt. Ils y avaient laissé les ruines de leurs maisons accrochées au rocher et des peintures sur les parois. Je me souviens d'une longue et rude montée depuis la vallée pour atteindre l'un de ces villages perdus. Des maisons en pierres sèches, il restait des pans de murs hauts de 1 à 2 mètres. Le sol était jonché de tessons de poteries, d'épis de maïs, d'ossements blanchis. Dans la pénombre d'une sorte de four ou de silo, j'aperçus un fémur humain dans un coin. Peut-être le reste du squelette avait-il été emporté par des visiteurs ? Sur les parois, des séries de mains négatives et positives rouges veillaient sur le site. Des oiseaux, des humains semblaient y avoir été peints un peu au hasard, mais sans doute bien des histoires, des cérémonies propitiatoires et des mythes se cachaient-ils derrière leur apparent mystère.

Nous devions traverser le cours d'eau pour aller à un lieu célèbre, appelé « White-House-in-Between », le plus connu du sud-ouest américain, en raison du caractère spectaculaire de ses constructions troglodytiques. La rivière était en crue. Suivant le jeune guide que l'archéologue de Canyon de Chelly nous avait assigné, nous descendîmes la berge sur quelques centaines de mètres, observant les eaux boueuses et turbulentes avec quelque inquiétude. Enfin, il se décida. « Ici, on doit pouvoir passer à gué. » Nous nous engageâmes à sa suite dans l'eau glacée. Sur l'autre rive, des gens nous photographièrent. Cela aurait dû nous alerter. L'eau montait, nous en avions jusqu'au ventre et le courant devenait de plus en plus fort vers le milieu. Tenant au-dessus de la tête ma précieuse boîte à appareils photo, j'avançais péniblement. Soudain, un cri. L'une des membres de notre groupe avait perdu l'équilibre et était tombée. En un instant, elle fut entraînée et le courant la porta près de moi. Instinctivement, je l'agrippai et l'aidai à se redresser, non sans me tremper entièrement à mon tour. Le pire, c'est que les appareils photo avaient subi le même sort. Les autres se précipitèrent et nous tirèrent sur la berge. Nous étions tous saufs. J'inspectai les dommages, pendant que tout un chacun s'ébrouait. Aucun de mes trois appareils ne fonctionnait plus, c'était la catastrophe. Je les démontai et les mis au soleil. Nos habits commencèrent à sécher et nous nous réchauffâmes vite. Au bout d'une demi-heure, miracle ! Deux de mes appareils, les reflex, refonctionnaient. Le troisième, un compact, ne put être ressuscité et je dus le jeter à mon retour en France. Nous reprîmes notre route, encore humides, vers White-House-

White-House-in-Between, en Arizona.

in-Between, cette fois sur le bon côté de la rivière. À peine avions-nous fait 700 ou 800 mètres et dépassé un tournant que le site nous apparut dans sa splendeur. Ce qui gâcha notre émerveillement fut de constater qu'il y avait là un véritable gué et que les gens le franchissaient très facilement et sans danger, de l'eau jusqu'aux chevilles. Une vieille Indienne s'était même installée au bord, avec toute une pacotille de bijoux étalés sur une couverture. Notre guide nous pria de l'excuser pour cette méprise due à son inexpérience. Cela aurait pu être pire.

Au cours des années qui suivirent, je fis nombre d'excursions aux États-Unis, surtout dans le sud-ouest, mais aussi à Hawaii, dans le nord-ouest (Oregon et État de Washington) et même dans le sud-est, dans le Kentucky et l'Alabama, où des grottes profondes à gravures ont été découvertes récemment. J'ai campé dans les déserts de la Californie et du Nevada, ainsi que dans les canyons de l'Arizona et de l'Utah, devant des falaises ornées de peintures millénaires, au pied de montagnes enneigées. Cela n'est pas allé sans quelques aventures plus ou moins agréables.

Par exemple, dans le Colorado, nous étions allés rendre visite à des collègues qui relevaient des roches couvertes de gravures. Ils nous invitèrent à rester avec eux et nous dressâmes nos petites tentes dans un camping. Il faisait ce jour-là beaucoup de vent. Malgré cela, je m'endormis vite après la fatigue de la journée. Vers vingt-trois heures je fus réveillé brusquement. On criait dans le camp : « *Tornado warning ! Everybody go to the main building.* » Il fallut tout laisser et se rendre en pyjamas dans le seul bâtiment en dur qui se trouvait à proximité, car l'approche d'une tornade venait d'être signalée et elle se dirigeait droit vers nous. Je ne pus me résoudre à abandonner mes précieux appareils photo dans la voiture et je consacrai trois minutes à les récupérer. Je ne fus pas le dernier à me mettre à l'abri, mais je me fis vertement réprimander par mes compagnons : « Une minute ou deux, dans ce cas, peuvent signifier la différence entre la vie et la mort. » Dans l'abri, les gens – pour la plupart en pyjamas ou chemises de nuit, ce qui avait un petit air comique – étaient pendus à la radio. Finalement, on annonça que la tornade s'était détournée et était passée à dix kilomètres de nous. Je retournai à ma tente. Elle avait été aplatie par le vent et elle était toute déchirée. Une collègue de l'American Rock Art Association, Donna Gillette, avait une tente de secours et me dépanna.

L'aventure la plus cuisante que je vécus, au sens propre, survint à la fin d'un de mes voyages. J'avais passé plusieurs jours à arpenter l'arrière-pays californien avec David. Il m'avait mis en garde contre deux plantes vénéneuses, le *poison-oak* et le *poison-ivy*, sortes de buissons ou d'arbustes aux feuilles d'apparence inoffensive pour le marcheur non averti, et il me les avait montrées au passage. Elles abondent dans la région et elles semblent avoir une affinité particulière pour les sites d'art rupestre. Naturellement, j'avais suivi à la lettre les précautions que mon guide m'avait dit de prendre, mettant mes pas dans les siens et veillant à ne jamais toucher ces plantes. Tout se passa bien et j'étais raisonnablement certain d'avoir évité tout contact. Deux ou trois jours plus tard, au cours de mon voyage de retour, je commençai à avoir des démangeaisons intolérables sur le cou-de-pied, avec des sortes de cloques. Puis, ce fut le tour de l'autre pied et peu à peu l'infection gagna la jambe. Dans la journée, cela allait encore, mais la nuit le prurit m'empêchait de dormir. Si je me grattais, par inadvertance – il fallait une bonne dose de volonté pour ne pas le faire –, de gros boutons rougeâtres apparaissaient immédiatement. Cela dura deux semaines, malgré les efforts de mon médecin pour qui c'était une nouveauté intéressante. Lorsque, sans penser à mal, je remis les baskets que j'avais utilisées aux États-Unis, l'infection reprit, sous une forme plus bénigne. Je jetai ces chaussures et depuis je ne vais plus dans ces arrière-pays sans bottillons montants en cuir et avec des chemises à manches longues.

Un jour, cependant, nous dûmes franchir un véritable barrage de *poison-oak* pour accéder à un abri orné. Il n'existait aucun autre passage possible. Avec des bâtons, nous nous frayâmes un chemin. Parmi nos compagnons d'excursion se trouvait Mary Gorden, une collègue qui nous avait invités dans le ranch dont elle s'occupait avec Jim, son mari, au milieu d'immenses plantations d'orangers et de citronniers, dans le centre de la Californie. Elle refusa d'avancer jusqu'à l'abri, en raison d'une grave allergie à ces plantes. Si elle était contaminée, il faudrait l'hospitaliser pendant plusieurs jours. Elle nous dit que nous étions fous de prendre un tel risque. À notre arrivée chez elle, elle nous fournit à tous des vêtements et fit une grande lessive de tous ceux que nous avions portés, chaussures comprises. Drapés dans des robes de chambre en attendant que nos affaires sèchent, nous avons passé la soirée à boire les excellents vins de Jim, tout en admirant le coucher du soleil californien sur les bosquets d'orangers chargés de fruits.

Mary nous dit que tous les soirs, au crépuscule, elle s'asseyait sur son porche avec un livre, jouissant de la paix et du silence et contemplant les changements de couleurs dans le ciel. Un soir, elle s'assit sur un serpent à sonnette qui, surpris, la mordit à la fesse. Son mari téléphona au plus proche hôpital et l'y conduisit à toute allure, pendant que le médecin de garde préparait le traitement à lui donner. Une demi-heure plus tard, la moitié de sa fesse était devenue toute noire. À l'arrivée, le docteur, pince-sans-rire, demanda à Jim où il avait placé le garrot... On la soigna, elle guérit en quelques jours. Depuis, elle regarde attentivement avant de s'asseoir.

Les serpents à sonnette pullulent dans tout le sud-ouest américain. J'en ai vu beaucoup, presque à chaque visite. Ils ne sont pas aussi dangereux qu'on le croit généralement. En effet, n'étant pas agressifs, ils préfèrent quitter les lieux devant les intrus plutôt que de les affronter, à moins de se sentir menacés. Dans ce cas, ils préviennent le plus souvent – pas toujours, tout de même… – avec le grésillement de crécelle produit par l'extrémité de leur queue.

Lors de ma première incursion dans l'épais maquis californien, David m'avait mis en garde : « Les serpents à sonnette (*rattlers*) sont sortis depuis deux ou trois semaines. Il est possible que nous en rencontrions. Fais bien attention où tu poses les pieds, ne fonce pas à l'aveuglette dans les buissons et ne mets jamais la main à un endroit que tu ne peux voir. » Je le suivis donc prudemment. Entre nous se trouvaient sa femme Tammy et leur fille Carmen, qui devait avoir alors 4 ou 5 ans. Je regardai scrupuleusement des deux côtés du très étroit sentier, à peine visible, qui devait nous mener à l'abri orné. Tout à coup, je vis un gros serpent à sonnette lové, à moins de un mètre de la piste. Mes compagnons, occupés à repérer le passage, étaient passés tout à côté sans l'apercevoir. Je m'exclamai : « *Snake* ! » Chacun se figea, comme il convient en pareil cas. Le serpent ne bougeait pas. David, un peu vexé de ne l'avoir pas vu, me confirma qu'il s'agissait bien d'un adulte qui, déplié, devait dépasser le mètre. On voyait bien ses « sonnettes ». En mesurant mes mouvements et à distance respectueuse, je pris ma caméra et y adaptai un téléobjectif avant de faire des gros plans du serpent toujours lové. Nous nous demandâmes s'il était en train de digérer ou s'il était malade. En tout cas, à notre retour, il avait disparu.

Rentrant d'une autre visite à un abri peint, l'un des membres de notre petit groupe repéra une scène rarissime : deux serpents à sonnette en train de s'accoupler. Ils étaient complètement entortillés l'un dans l'autre. On distinguait

Accouplement de serpents à sonnette,
dans le désert de la Californie

leurs sonnettes séparées et les couleurs différentes des deux corps, l'un brun sombre avec de grosses rayures blanches, l'autre plus jaunâtre et clair. La tête du premier se voyait à peine, alors que le second, gêné par notre présence, se mit à dresser la tête et à nous fixer, ouvrant de temps en temps la gueule et dardant sa langue vers nous. Inutile de préciser que je pris autant de photographies que je le pus, juché sur les épaules d'un de nos compagnons. Il m'avertit que, si l'un des serpents venait vers nous, il me laisserait tomber très vite... Nous sommes restés là une vingtaine de minutes, avant que les serpents se séparent et se réfugient dans un buisson proche.

Quand je photographie des gravures ou des peintures rupestres, j'utilise une petite règle centimétrique pour donner l'échelle. Je la place au plus près du sujet. Ce jour-là, nous étions à Little Lake, entourés de gravures piquetées sur un amas instable de roches sombres. J'installai ma règle en Formica noir, comme je l'ai fait des milliers de fois, et me préparai à prendre un cliché d'un superbe mouflon aux longues cornes, typiques d'un vieux mâle. À cet instant, un coup de vent fit tomber l'objet dans une fissure entre deux roches. Je me préparai à le récupérer. Toutefois, me rappelant les recommandations de David, j'évitai de plonger la main dans le trou, comme je l'aurais fait instinctivement en toute autre occasion. Je regardai et ne vit rien. Tim Earle, un collègue de l'université de Los Angeles, s'approcha et m'offrit d'écarter un peu le rocher à nous deux pour mieux atteindre l'échelle. Quand le bloc commença à bouger, nous perçûmes un bruit de crécelles : « Crrr... Crrr... » C'était la première fois que je l'entendais, mais je n'eus pas besoin d'explications. « Mieux vaut la laisser là », me dit Tim. Cette règle, en un matériau imputrescible, y est sans doute toujours, en hommage aux esprits et aux forces qui hantent les sites d'art rupestre. Elle est bien gardée.

Week-end en Californie

Pour la troisième ou la quatrième fois, je vais à Los Angeles donner une conférence, à la fin d'un périple qui m'a amené à Ripon, dans le Wisconsin, et à Portland dans l'Oregon. L'occasion est un symposium de une journée organisé par mon ami David Whitley à UCLA Extension, partie de l'université de Los Angeles. Ce genre d'événement n'existe pas en France, ni même, à ma connaissance, en Europe, du moins pour notre discipline. L'université invite quelques spécialistes dans un domaine particulier – dans ce cas, l'art rupestre, bien entendu. Elle annonce leur venue longtemps à l'avance, avec tous les détails nécessaires : leurs curriculum vitae, le résumé de leur communication, une bibliographie sur le sujet, voire des documents. Les gens s'inscrivent, paient de 500 à 700 francs, ce qui leur donne le droit d'assister aux présentations spécialisées et de poser des questions après chacune d'elles. La formule a du succès. L'année précédente, j'avais participé à un symposium de ce genre, sur les anciennes humanités, à Philadelphie. Les organisateurs avaient fait salle comble. Cette fois-ci, cent trente participants étaient venus de toute la Californie et même d'États voisins.

Le rituel est immuable : accueil, résumé du sujet par l'organisateur principal, présentation des orateurs avec beaucoup de compliments. Les communications sont strictement limitées dans le temps. Dans ce cas, une heure, y compris l'indispensable projection commentée des diapositives. Les auditeurs sont exigeants, en bons Américains qui ont payé sans barguigner et qui en veulent pour leur argent. Il faut maintenir leur intérêt éveillé, parfois avec une plaisanterie, rester simple et compréhensible, mais ne pas les sous-estimer : il s'agit d'un auditoire averti. La formule est excellente. Ces gens bénéficient dans la pratique d'un cours sur un sujet précis, dans un temps limité. Cela explique sans doute son succès. Après ma prestation, plusieurs personnes vinrent me faire dédicacer des livres apportés tout spécialement. L'un des orateurs prévus fit défaut. Cette spécialiste australienne devait évoquer l'art extraordinaire de son pays, si mal connu en dehors du cercle restreint des amateurs d'art rupestre. Elle était bien arrivée et s'était enregistrée à son hôtel, puis elle avait disparu, sans prévenir. À mon départ de Californie, nous n'en avions toujours pas de nouvelles et nous étions inquiets à son sujet. Pour combler le vide, nous organisâmes une table ronde, avec une ethnologue et une anthropologue présentes dans la salle. Les questions furent nombreuses et les auditeurs n'eurent pas l'air déçu. Une réception suivit, à Santa Monica, chez la directrice du département des humanités, responsable du symposium. Excellents vins californiens, gambas, fromages, atmosphère cordiale et sympathique.

Retour à Fillmore, à quatre-vingts kilomètres de Los Angeles, où David et sa femme Tammy m'hébergeaient pour ce séjour. Les autoroutes autour de Los Angeles sont un cauchemar. Bien qu'ayant généralement dix voies (cinq dans chaque sens), elles sont très encombrées, à toute heure du jour et de la nuit. La veille, nous étions allés voir un site orné, dans le même comté de Ventura, à une trentaine de kilomètres à vol d'oiseau seulement, mais de l'autre côté des montagnes qu'il fallut contourner. Cela nous prit des heures. Nous traversâmes la célèbre faille de San Adreas, surveillée en permanence par les sismologues. Des tremblements de terre affectent tous les jours cette région tourmentée, d'une instabilité depuis longtemps reconnue. Les spécialistes, et même le grand public, savent que tôt ou tard surviendra un cataclysme effroyable, de très grande intensité (*The Big One*). C'est la seule certitude, car la date en est imprévisible. En attendant, les gens font comme si rien ne devait jamais arriver. La vie suit son cours et c'est très bien comme ça. Ce fatalisme est moins étrange qu'il n'y paraît à première vue. Après tout, nous savons tous que nous mourrons un jour et nous ignorons la date de notre inévitable décès. Cela ne nous empêche pas de vivre au jour le jour, de faire des projets et de profiter de notre toujours trop brève existence. En janvier 1994, David et sa famille avaient connu un séisme important. Il se produisit au milieu de la nuit. Leur petite fille Carmen, âgée de 5 ou 6 ans, se réveilla brusquement, apparemment sans raison, et vint se réfugier dans la chambre de ses parents. Quelques minutes plus tard, tout bougeait, les meubles s'écroulaient et la chambre de Carmen fut détruite avec une partie de la maison.

David, docteur de l'université de Los Angeles (UCLA), est un archéologue professionnel, établi à son compte, situation que nous ne connaissons pas en France. Avec son associé Joe Simone, ils répondent aux appels d'offres pour effectuer des fouilles d'urgence ou pour évaluer et enregistrer le potentiel archéologique d'une région donnée. Aux États-Unis, la loi protège le patrimoine archéologique sur les terrains appartenant à l'État fédéral ou aux États de l'Union, ainsi que sur ceux situés sur des réserves indiennes. En outre, tous les travaux d'une certaine ampleur prévus avec des fonds fédéraux ou d'État doivent faire l'objet de prospections archéologiques préventives et éventuellement de fouilles ponctuelles en fonction des découvertes. Dans cette économie ultra-libérale, cela crée un marché et suscite des entreprises du type de celles de David et Joe. Leur situation est curieuse. Bon an mal an, ils doivent mener un certain nombre de projets à terme, puisque leurs revenus en dépendent. En revanche, il leur faut rédiger des rapports copieux, donner des cours, présenter des communications lors des congrès spécialisés, écrire et publier des articles et des livres, afin d'assurer une réputation qui leur permettra de décrocher davantage de contrats. C'est un équilibre constant entre le profitable travail de terrain et les activités de recherche, de publication et de communication. L'un des avantages de leur métier, c'est qu'ils peuvent – lorsqu'ils ne sont pas en fouilles – distraire quelques jours de loisirs, par exemple pour faire visiter des sites à un collègue et ami français de passage… Le lendemain du symposium, nous avions donc prévu d'aller passer deux jours au milieu du désert, dans l'immense plaine de Bishop entre la Sierra Nevada et les White Mountains, à cinq heures de voiture de Fillmore.

En rentrant de Los Angeles, avant d'aller nous coucher, David et Tammy m'avaient emmené voir une sorte de rodéo. Des cavaliers en costumes de cow-boys, coiffés du classique chapeau à larges bords, poursuivaient des vachettes sous la lumière de projecteurs et les prenaient au lasso. N'eussent été les projecteurs, on se serait cru au XIXe siècle. Deux cavaliers se tenaient de part et d'autre d'un portillon d'où déboulait la vachette. Ils la suivaient au galop, faisant tournoyer leurs lassos. L'un la capturait à la tête. Immédiatement après, le second entravait les pattes arrière de l'animal. Cela allait très vite et les cavaliers réussissaient leur coup au moins deux fois sur trois. Nous étions les seuls spectateurs. David m'expliqua que ce n'étaient pas des cow-boys, comme on aurait pu le croire, mais des commerçants, des employés, des cadres, qui partageaient cette passion et qui s'exerçaient à ce qui était devenu un sport. Des compétitions étaient périodiquement organisées. Joe, dans sa jeunesse, avait lui-même couru les rodéos en professionnel. David et Tammy ne se livraient pas à ce sport, mais ils avaient tout de même trois chevaux, dont celui de leur fille Carmen, outre trois chiens, deux chats, deux perruches et onze tortues. Certains de leurs animaux m'adoptèrent vite, mais pas tous car l'un des chats urina sur les papiers – des articles en cours – que j'avais eu l'imprudence de laisser par terre dans ma chambre.

Le lendemain, réveil à l'aube. Nous avions une longue journée de route devant nous. Joe vint nous chercher, dans une interminable camionnette rouge comme on peut seulement en voir aux États-Unis où le carburant est très bon marché. Nous y empilâmes sans mal tout notre équipement : nourriture, tentes, sacs de couchage, sièges et même l'un des chiens qui nous accompagna, à son plus grand bonheur. Joe conduisait lentement sur l'autoroute, à la vitesse autorisée, environ cent kilomètres à l'heure. Habitué aux autoroutes françaises, j'avais l'impression qu'on se traînait et j'aurais bien appuyé un peu sur l'accélérateur si je l'avais pu... Je somnolais. À Mohave, halte casse-croûte, dans un McDonald's, comme d'habitude. Sur les collines alentour, dans cette région constamment battue par les vents, tournaient des centaines de moulins, réduits au minimum : un pilier et une hélice à trois pales. Arrivés à Bishop, nous fîmes une halte dans une espèce de rôtisserie où l'on fabriquait le meilleur *jerky* du sud-ouest, paraît-il. C'est une viande boucanée, coupée en lanières, dure comme du bois, mais savoureuse et qui se conserve très longtemps. Les Indiens et les cow-boys s'en sustentaient dans le désert. J'en achetai de diverses sortes, du bœuf, du bison et de l'élan, pour les rapporter en France et les faire goûter à mes petits-enfants. Nous en prîmes aussi pour nous-mêmes, afin de conserver nos forces au cours de nos excursions.

Cette après-midi-là, nous vîmes plusieurs sites, dans un cadre grandiose. À l'est et à l'ouest, les chaînes montagneuses étaient couronnées de la neige tombée trois jours à peine auparavant. Malgré le soleil, il faisait frais, une température inhabituelle en ce début de juin. Je m'efforçai de prendre des photos de gravures avec un arrière-plan de montagnes neigeuses. Pourvu que ces photos soient réussies ! Je changeai les expositions et multipliai les clichés, afin d'augmenter mes chances de succès. Les sujets représentés se répétaient de site en site, mais aucun n'était exactement pareil aux autres. C'étaient des quadrilatères avec un décor interne toujours différent, ce qui montrait qu'il s'agissait de changements délibérément recherchés. De temps en temps, on voyait des nuages de points, des serpents, quelques humains, des lézards et des mouflons, des sexes féminins très réalistes gravés autour d'une fissure, des quadrillages. Cet art ne se trouvait pas n'importe où, seulement sur des rochers de grandes dimensions. Nous en eûmes la confirmation le lendemain, lorsque nous visitâmes un site très éloigné, après avoir suivi pendant plus d'une demi-heure une étroite piste chaotique au milieu du désert parsemé d'épineux et de cactus. Le lieu était en effet spectaculaire, avec des cirques de falaises démantelées et des quantités de gros blocs épars sur les pentes. Cela expliquait son choix pour des dessins et des cérémonies. Toutefois, la roche, une espèce de tuf volcanique à la surface tendre extrêmement corrodée et granuleuse, ne se prêtait absolument pas à la gravure. En conséquence, les figures se voyaient difficilement et paraissaient frustes. L'aspect spectaculaire du lieu avait de toute évidence primé sur les considérations techniques de réalisation des œuvres et sur leur apparence finale. Le geste importait, non le résultat.

Nous arrivâmes à Chalfont, où nous devions passer la nuit. Une longue ligne de petites falaises se poursuivait sur plusieurs kilomètres. David n'y était jamais allé le matin et

Gravures rupestres de Red Canyon, près de Bishop, en Californie, sur fond de montagnes partiellement enneigées.

Panneau de vulves à Chalfont, en Californie.

il pensait – à juste raison – que la lumière y serait beaucoup plus favorable qu'en fin d'après-midi. Avec Tammy, ils dressèrent le camp. Je voulus les aider ; ils refusèrent et m'engagèrent à aller explorer les falaises avec Joe. Je commençais à être fatigué, mais je suivis le lit asséché de la rivière, l'œil aux aguets. Nous aperçûmes une clôture. Derrière, une profusion de gravures, dont d'étranges grands cercles à décoration interne, en partie dans l'ombre, couvraient la falaise. La clôture avait été placée par le BLM (Bureau of Land Management), organisme un peu comparable à notre DATAR et chargé de l'organisation et de la gestion des terrains d'État. Il eût été facile de la franchir mais, aux États-Unis, les clôtures sont respectées et nous examinâmes donc ces dessins de l'extérieur, nous promettant d'y revenir le lendemain matin quand la lumière serait plus adéquate. En effet, selon l'incidence du soleil, tout change : des gravures jusqu'alors invisibles apparaissent et semblent jaillir de la paroi. C'est un phénomène qui a dû être maintes fois exploité par les Indiens. Ce soir-là, nous marchâmes longtemps, stimulés par la découverte occasionnelle de cercles compartimentés ou de serpents paraissant sortir de fissures. Dans un grand arc de la falaise, de nombreuses gravures nous apparurent. Cet endroit, tout aussi important que le précédent, n'avait cependant pas été clôturé. De grands serpents verticaux suivaient un rebord, à bonne hauteur. J'en pris note. Demain, il faudrait le téléobjectif. Peut-être même pourrais-je arriver juste en face en grimpant sur les blocs ?

Retour au camp. Un ami de Joe, motard de la police de la route, qu'il avait prévenu par téléphone cellulaire, venait d'arriver pour partager notre repas. David et Tammy, qui n'avaient aucune envie de cuisiner (on les comprend...), avaient apporté des rations de l'armée. J'avais moi-même acheté quelques bouteilles de vins français, non par chauvinisme mais parce que je les connaissais mieux que les vins californiens, et Joe avait apporté de nombreuses canettes de bière dans son réfrigérateur de campagne. Nous étions parés. Les rations comportaient des recettes diverses, du thon, des pâtes, du riz, de la viande en sauce. Elles pouvaient durer dix ans dans leur emballage. À l'intérieur de l'épais plastique protecteur, on trouvait de tout, en sus du plat principal : des chocolats, du fromage, ainsi que du chocolat en poudre, du thé, du café. Je fus stupéfait de constater qu'en plaçant dans l'eau une partie du plat de résistance, on provoquait une réaction chimique qui le chauffait à la température voulue. Chacun de ces paquets, achetables dans les surplus de l'armée américaine, coûtait à peine cinq ou six dollars (trente à trente-cinq francs). Peut-être pourrait-on en importer ou en fabriquer en France pour les randonneurs ? Joe m'en donna deux que je rapportai. Je m'attendais à une nourriture médiocre et je fus surpris de sa relative qualité. Peut-être les châteauneuf-

Serpents verticaux et autres motifs à Chalfont, en Californie.

du-pape et les bordeaux qui l'accompagnaient ne furent-ils pas étrangers à ma réaction favorable. Ce dîner convivial, sur le sable du désert, entourés d'épineux, reste dans ma mémoire. Tout en buvant vin ou bière (Joe et son ami, de toute évidence, préféraient la bière), nous parlions tranquillement d'art rupestre, de pêche à la truite, de la région et de son évolution, en regardant le soleil se coucher derrière les montagnes enneigées qui s'assombrissaient et changeaient de couleurs de minute en minute. Cette nuit, je partageai la tente de David et Tammy, sur un lit de camp. Le vent, qui se leva au bout de quelques heures, faisait battre la toile.

Au soleil levant, je m'habillai dans mon coin, tandis que Tammy se détournait pudiquement. J'attrapai un *bagel*, sorte de pain mollet un peu compact et insipide, mon lourd sac à photo et je me dirigeai vers les falaises tout en mâchonnant. Le café pouvait attendre, tandis que la lumière précieuse de ce début de matinée ne durerait pas. Je pris la direction opposée à celle de la veille. Là aussi, l'art rupestre abondait. Les vulves étaient particulièrement nombreuses. David pensait qu'il s'agissait de pratiques de sorcellerie, le sexe féminin étant réputé maléfique dans certaines tribus. J'imaginai les Indiens Paiutes, il y a quelques siècles, venant auprès des falaises sacrées à la recherche de visions, après avoir jeûné pendant plusieurs jours. Dans la solitude du désert, sous le soleil, ils se concentraient, chantaient les chants traditionnels, et ils finissaient par recevoir une image, ou des images, celles des puissances surnaturelles qu'ils étaient venus solliciter. Quand leur esprit revenait et réintégrait leur corps, ils matérialisaient leur vision sur la roche, pour ne pas l'oublier, pour conserver leur pouvoir et l'utiliser, comme le faisaient les Indiens dans de nombreuses tribus, jusque dans le nord-est, près de la côte du Pacifique. Là, au pied de ces falaises, ils étaient tout proches, malgré le temps écoulé.

Une voiture arriva sur la piste et m'arracha à mes songeries. L'homme me salua courtoisement et me demanda en plaisantant si j'avais réussi à comprendre ce que ces symboles signifiaient. Je lui répondis que j'aimerais bien le savoir. C'était un archéologue amateur. Il surveillait bénévolement le site et l'étudiait, pour le compte du BLM. Je me présentai à mon tour. Il me demanda si nous avions pris contact avec l'archéologue régional. Justement, il devait passer ce matin même pour nous montrer d'autres sites. Cela le rassura sur nos intentions. Il me conseilla de me dépêcher, car la lumière n'était propice en ces lieux que jusque vers dix heures du matin. Je continuai donc mon parcours solitaire et découvris des gravures, dont un panneau de vulves, qui m'avaient échappées la veille au soir. Je grimpai sur des roches pour avoir de meilleurs angles de prises de vues. Quand on est engagé dans ce processus d'exploration et de découverte, les besoins corporels s'évanouissent, le temps n'existe plus, seule subsiste la nécessité de voir, de comprendre, d'enregistrer. Il faut faire un effort pour ne pas commettre d'imprudences en grimpant sur les roches ou en contournant des buissons où peuvent se cacher des serpents venimeux. Ces moments font oublier toutes les mesquineries et les difficultés ordinaires.

Avec Kirk, l'archéologue local, nous allâmes voir deux autres sites que mes compagnons, David et Joe, ne connaissaient pas encore. Le premier avait la forme curieuse d'un scorpion, avec ses deux pinces étendues. Les roches tendres volcaniques présentaient des reliefs tarabiscotés, avec des micro-grottes et d'étroits passages. C'est là que l'art se concentrait, même si l'on trouvait beaucoup de gravures sur de nombreuses autres surfaces rocheuses. Dans une anfractuosité, « ils » avaient même percé la roche en plusieurs endroits et avaient laissé une offrande de quartz, la pierre sacrée qui fait de la lumière lorsqu'on la frotte sur un autre quartz. Plusieurs grandes structures ovales, en pierres amoncelées, témoignaient de pratiques disparues.

Lors de la visite du second site, le soleil tapait dur. La lumière n'était pas favorable et d'ailleurs, comme je l'ai dit plus haut, la surface de la roche ne l'était pas non plus et les gravures se voyaient mal. Nous fîmes le tour du cirque, apercevant çà et là quelques gravures malaisément visibles dans l'ombre de la falaise. De gigantesques éboulements me frappèrent. Les rochers détachés par dizaines de mètres cubes éclataient de blancheur et contrastaient avec la patine des surfaces anciennes où se trouvaient les gravures. J'en touchai un mot à Kirk. « Oui, me dit-il, c'est dû à un tremblement de terre, de force 5,6, qui s'est produit il y a à peine un mois. » Il s'adressa à David : « Comment pourrait-on empêcher ces destructions ? » – « C'est simple. Il suffirait de contrôler les mouvements du magma… » Cet art est donc voué à la destruction et l'on peut se demander quelle quantité de gravures a déjà disparu dans les effondrements des pans de falaise.

L'après-midi, sur le chemin du retour, mes amis décidèrent d'aller pêcher la truite. À tout hasard, ils avaient apporté trois cannes et tout l'équipement nécessaire. Consciencieusement, ils prirent les licences légales et Joe nous conduisit près d'une petite rivière, au milieu du désert, dont rien – si ce n'est la végétation un peu plus fournie – n'aurait permis de soupçonner l'existence. Je m'installai à l'ombre, avec mes notes et mes papiers, la Sierra Nevada à l'horizon. Joe nous avait régalés d'histoires de pêche. Il y avait là des truites énormes, de plusieurs kilos, prêtes à se laisser prendre. Je n'y croyais guère. C'est comme lorsqu'on vous invite à aller aux champignons : la poussée a toujours eu lieu un peu avant ou elle aura lieu un peu après, et l'on rentre bredouille. D'ailleurs, ce fut le cas lors de ce premier arrêt. Nous remontons dans la camionnette et mettons le cap sur un deuxième ruisseau, au cadre tout aussi idyllique. Au bout de dix minutes, Carmen pousse un cri et ramène une truite de une livre sur le bord. Puis, c'est le tour de Tammy, avec une bête encore plus grosse. David en accroche une autre – la plus grosse, bien sûr –, mais elle s'échappe. Tant pis, l'honneur est sauf et nous pouvons reprendre le chemin de Fillmore, avec ses champs d'orangers sous la lune.

Un voyage de plus. L'amitié, l'art rupestre, la découverte de nouveaux horizons, l'esprit et le corps stimulés par ces expériences. Retour en France, où les États-Unis ont si souvent mauvaise presse et où l'on stigmatise volontiers le sans-gêne américain. À l'aéroport de Los Angeles, une cinquantaine de personnes, accompagnées de montagnes de bagages, font la queue pour l'enregistrement. Cela m'épouvante. Vais-je manquer mon vol ? Cependant, la file avance vite, car tous les comptoirs sont occupés et un préposé les assigne aux voyageurs au fur et à mesure des enregistrements. Vérification des bagages pour la sécurité. Comme dans tous les aéroports par lesquels je suis passé au cours de ces deux semaines américaines, Chicago, Milwaukee, Portland, San Francisco, je demande à ce que mes appareils photo et mes films soient examinés manuellement, afin d'éviter leur passage dans la machine et leur exposition aux rayons. Les préposés à la sécurité ne font aucune difficulté, les ouvrent et les vérifient attentivement. Ils me sourient. Je peux passer. Expérience banale aux États-Unis.

À San Francisco, changement d'avion. Aucun retard n'est affiché et il décollera effectivement à l'heure prévue. Je remarque que, sur le tableau d'affichage électronique, deux ou trois retards de l'ordre de dix à quinze minutes sont annoncés pour d'autres vols. Un groupe de Français d'un certain âge attend. Ils parlent fort et s'agitent. Dans l'avion, plusieurs sont derrière moi. L'un d'eux interpelle l'hôtesse, se plaint véhémentement de ne pas avoir été placé à côté de son épouse. L'hôtesse, patiente, essaie de résoudre le problème. L'autre hausse le ton et proteste. J'ai un peu honte. Quelques heures plus tard, l'hôtesse, passant près de moi, s'étonne de me voir toujours en train d'écrire. Je lui raconte ce que je fais, mes recherches, l'art rupestre, les livres. Au moment de l'atterrissage, elle m'apporte une bouteille de chablis, en me remerciant de lui avoir parlé.

Arrivée à Roissy, avec un bon quart d'heure d'avance. Peut-être pourrai-je attraper le premier avion pour Toulouse, qui part dans une heure depuis le terminal 2D. Je me précipite vers la navette. Elle fait des tours et des détours incompréhensibles pendant près de vingt-cinq minutes. À l'arrivée à mon terminal, il est trop tard. Je pourrais le prendre (il a du retard), mais il est certain que mes bagages enregistrés ne suivront pas. Tant pis, je prendrai le suivant. Je me présente à la sécurité et sors appareils et pellicules. Une femme me dit sèchement qu'il n'est pas question de les examiner à part : ils doivent passer dans la machine ou je ne partirai pas. J'essaie de m'expliquer posément. Ces photos sont précieuses, je ne voudrais pas leur faire courir le moindre risque et les rayons ne les arrangent pas. Son collègue m'interpelle et hausse la voix, énervé et à la limite de la grossièreté : « Si vous insistez, monsieur, j'appelle la police. Ce sont eux qui vous contrôleront et cela prendra du temps ! ». La menace est claire et le chantage évident. J'essaie encore : « Mais, aux États-Unis, mes appareils ont toujours été inspectés manuellement. » Hostile et arrogant : « Ici, nous sommes en France, monsieur. » Oui, je le vois bien et je m'exécute. Mon avion partira avec vingt-cinq minutes de retard. Aucune annonce n'avait été faite. Personne ne s'en étonne. La routine. Nous sommes en France.

L'auteur au travail dans la grotte Chauvet.
Photo Philippe Morel.

Une journée à la grotte Chauvet

Notre troisième campagne de recherche à la grotte Chauvet, en ce pluvieux mois de mai 1999, a commencé voici quelques jours. Comme d'habitude, l'équipe s'est retrouvée à la base départementale de loisirs de Salavas, à peu de distance de la caverne. C'est notre camp de base. Nous y logeons, nous y mangeons le soir et, pour le midi, on nous y prépare des repas froids que nous montons à la grotte (sans oublier le café et le vin...). Les retrouvailles des membres de l'équipe sont toujours joyeuses, car, si nous nous téléphonons beaucoup, nous nous rencontrons surtout à l'occasion de ces travaux de terrain. Cette année, elles furent attristées par le récent décès de l'un de nos compagnons, François Rouzaud, chargé des problèmes de topographie et représentant l'équipe auprès de l'administration des Monuments historiques pour tous les problèmes relatifs à l'aménagement. À 51 ans, ce passionné du monde souterrain, notre ami, s'était écroulé un mois plus tôt, victime d'un arrêt cardiaque, dans une grotte, celle de Foissac, où il avait travaillé pendant des années*.

* Moins de un mois après la fin de nos travaux à Chauvet, après que j'eus rédigé ce récit où il est si présent, un autre de nos équipiers devait trouver une mort tragique. Philippe Morel, un géant tranquille et souriant, l'ami de tous, notre spécialiste des ours des cavernes, s'est tué en montagne, à 39 ans.

Nous sommes une douzaine, membres de ce que nous appelons le premier cercle, celui des chercheurs qui participent en permanence aux campagnes de printemps et d'automne. Le deuxième cercle est celui des spécialistes qui viennent (ou viendront) à l'occasion passer un ou deux jours avec nous pour étudier tel ou tel problème particulier. Pour des raisons de conservation, leurs visites doivent être étagées, car il ne peut jamais y avoir plus d'une douzaine de personnes en même temps dans la grotte. Cette fois-ci, nous aurons, entre autres, plusieurs géologues, une ethnologue, Joëlle Robert-Lamblin, spécialiste de l'Arctique, et un historien de l'art, Jean-Louis Scheffer. Plus tard viendront des spécialistes des pollens, des charbons, des pigments, de la datation par le radiocarbone, ainsi que des plasticiens, afin d'avoir un regard autre que le nôtre sur cet art. Le troisième cercle comprend deux douzaines de conseillers scientifiques, spécialistes d'art rupestre dans dix pays différents. Ils visiteront la caverne plus tard, quand les aménagements des sols auront avancé et lorsque des passerelles permettront enfin de circuler commodément et sans risque un peu partout.

Il est 8 h 15. Nous déjeunons dans le grand réfectoire. Aux tables voisines, des vacanciers amateurs de canoë-kayak sont tout excités et font un certain tapage, ce qui leur attire quelques regards noirs de membres de l'équipe pas tout à fait réveillés. Christian Faure, le sympathique gérant de la base, vient s'enquérir du nombre de repas froids nécessaire aujourd'hui. Qui ne va pas à la grotte ? Norbert Aujoulat, Carole Fritz et Gilles Tosello restent. Ce sont des spécialistes des relevés de peintures et gravures. Aujourd'hui, ils travailleront sur les ordinateurs. En effet, tous les relevés sont effectués par photographies numériques, ensuite versées dans l'ordinateur. On peut alors les travailler, monter des mosaïques à partir de photos parcellaires, accentuer les contrastes, étudier les superpositions, grossir ce qui doit l'être, analyser les techniques. La puissante et volumineuse imprimante, sur laquelle Norbert veille jalousement, permet de sortir d'excellents documents que l'on rapportera dans la grotte pour préciser les détails et vérifier les interprétations premières.

Hier, avec Yanik Le Guillou, nous avons expérimenté le « petit train » installé par le service des Monuments historiques dans le diverticule des Ours. Une sorte de rail a été fixé sur des supports appuyés en force, à l'aide de vérins, sur les deux parois de ce fond de galerie étroit. Un baquet en inox, tout juste assez long pour que deux personnes s'y insinuent, y circule et permet d'approcher des zones ornées sans toucher au sol où se voient des ossements d'ours. Les déplacements le long du rail se font en tirant sur une corde montée sur une poulie. Pour la première fois, nous avons pu voir de près ces superbes ours peints en rouge, parmi les plus beaux jamais figurés par les artistes du Paléolithique. L'un d'eux n'a que l'avant-train, comme s'il sortait d'une grande concavité de la paroi où le reste du corps se perdrait. Derrière, nous découvrons deux représentations de bouquetins, dont l'un a été construit en fonction de fissures préexistantes évoquant des cornes. L'animal était déjà là, dans la paroi, ses cornes seules visibles, attendant que l'aurignacien le concrétisât et le fît vivre. Pour revenir à l'entrée du boyau, nous avions dû tirer de toutes nos forces sur la corde et nous n'y étions parvenus qu'à grand-peine. Aujourd'hui, Dominique Baffier et Valérie Feruglio, les inséparables, doivent y travailler. Nous doutons qu'elles puissent avoir la force nécessaire pour ressortir du trou. Nous le leur disons et nous râlons un peu contre cette difficulté qui aurait pu être évitée. Bernard Gély, qui a participé à cet aménagement, pose une question simple : « Avez-vous pensé à desserrer le frein ? » – « Quel frein ? » – « Ben, le frein !… » Nous devions entendre parler pendant longtemps de ce frein…

8 h 45. Il est temps de partir. Nous chargeons la nourriture et l'équipement. Depuis le parking où nous laissons nos véhicules, il faut près d'une demi-heure de rude montée pour accéder à la grotte. À la fin de la campagne, après cet exercice journalier, nous aurons la grande forme, mais les premiers jours sont toujours éprouvants.

Une cavité voisine a commencé à être aménagée pour servir de lieu d'entrepôt. Nos lampes de mineur reposent sur un banc de charge. Chacun prend la sienne et la fixe à son casque. Nous revêtons nos combinaisons et nous dirigeons vers la grotte Chauvet. Depuis l'an dernier, la sécurité de la caverne a été considérablement améliorée. Nous avons presque l'impression de pénétrer dans la salle des coffres d'une banque. Dans l'entrée, nous quittons nos chaussures et mettons des chaussons *ad hoc* en caoutchouc. Ils diminuent les pollutions extérieures et sont antidérapants. L'inconvénient est l'odeur puissante qui nous accueille. Cela me rappelle mon service militaire et certaines chambrées de ma jeunesse… L'horrible chatière de la découverte a été notablement agrandie. Maintenant on passe à quatre pattes : le luxe ! L'un après l'autre, nous atteignons le haut de l'échelle et nous enfilons le baudrier de l'auto-assurance avant de nous engager sur les premiers barreaux. En trois tronçons légèrement décalés, cette échelle nous permet de descendre les dix mètres de verticale jusqu'au sol de la grotte. À l'arrivée, la différence de température est sensible. Les appareils enregistreurs, qui mesurent en permanence le climat de la caverne et son évolution pour le laboratoire souterrain du CNRS (Moulis), nous indiquent qu'il y fait 13,4 °C et que le pourcentage d'humidité est de 99,4.

Valérie et Dominique vont retrouver leur baquet et leurs ours rouges. Michel Garcia et Jean-Marie Chauvet se rendent à la galerie des Croisillons, à l'une des extrémités de la caverne, où Jean-Marie aurait repéré des empreintes humaines. Michel est le spécialiste des empreintes et la perspective de cette découverte le passionne. Philippe Morel, notre spécialiste des ours, et Jean-Michel Geneste, mon adjoint, chargé de l'étude des activités humaines sur les sols, travailleront dans la galerie des Mégacéros où se trouvent de nombreuses traces de feux, avec d'impressionnantes accumulations de charbons. Bernard Gély ne sera pas avec nous aujourd'hui, car il doit faire visiter une grotte voisine à des collègues étrangers.

Yanik et moi devons travailler sur les fiches descriptives des figures. C'est là le troisième volet de notre recherche, avec les études sur les traces et vestiges observables sur les sols et les relevés approfondis des œuvres d'art. Nous établissons une fiche par sujet représenté, animal, signe géométrique, tracé indéterminé. Au cours des campagnes précédentes, nous avons ainsi répertorié et décrit 416 animaux, appartenant à 13 espèces distinctes : rhinocéros laineux, lion des cavernes, ours des cavernes, mammouth, cheval, bison, bouquetin, renne, cerf mégacéros, cerf élaphe, aurochs, panthère des cavernes, hibou. Avec Yanik, et avec Bernard quand il sera libre, nous allons tout revoir, vérifier chaque dessin et chaque fiche, réexaminer les panneaux ornés pour des oublis éventuels ou des erreurs. Nous le faisons à deux pour avoir des points de vue différents et parfois contradictoires. Cela évite les certitudes toutes faites et des interprétations erronées.

Ce matin, nous sommes dans la salle du Crâne, près du panneau des Chevaux. Au passage, nous les contemplons pour la énième fois, avec toujours la même admiration pour ces têtes si expressives, la quatrième surtout, celle du bas, l'un des plus grands chefs-d'œuvre de l'art paléolithique. Nous quittons nos chaussons et les laissons sur le lé en plastique noir devant les chevaux. Dans la salle du Crâne, le sol n'étant pas protégé, nous marcherons en chaussettes ; j'en ai mis deux paires en prévision : on se refroidit vite en grotte. Nous évoluerons entre les crânes d'ours des cavernes plus ou moins pris dans la calcite, leurs grandes empreintes pétrifiées et de micro-concrétionnements qu'il faut également respecter. Cette année, la salle est parfaitement sèche, alors que l'an dernier, à pareille époque, il s'y trouvait un véritable lac qui nous avait interdit tout travail. Contrairement à une opinion répandue, une caverne n'est pas un milieu figé. Elle vit à son rythme et subit les influences extérieures, avec un décalage variable en fonction des conditions locales.

Nous commençons par le réduit juste derrière le panneau des Chevaux. Il ne s'y trouve que des gravures, souvent superposées à des griffades d'ours. Ces animaux ont précédé les hommes dans la grotte et ils y ont laissé d'innombrables traces : des dizaines de bauges circulaires, creusées pour y hiberner, des empreintes sur l'argile meuble, des squelettes nombreux – nous avons dénombré près de cent cinquante crânes –, et surtout ces griffades sur les parois, à toutes les hauteurs. Philippe, que j'interroge, me dit qu'un *Ursus spelaeus* mâle adulte devait mesurer entre 3,50 mètres et 4 mètres de haut et peser près de une tonne. Entourés que nous sommes par leurs ossements et par leurs traces, nous n'avons aucune peine à imaginer ces monstres parcourant la caverne dans l'obscurité absolue, leurs grognements, leurs âcres remugles. Quand, en leur absence, les hommes s'aventuraient dans les galeries profondes, ils ne pouvaient manquer d'être impressionnés par tout ce qui rappelait les plantigrades géants. Cette grotte était bien le domaine de l'ours. Elle était toute imprégnée de sa puissance.

Il me vient à l'esprit que si, sur le panneau des Chevaux, la paroi a été raclée préalablement au dessin, c'est sans doute parce qu'elle était couverte de griffades qui la rendaient impropre à l'usage de cette technique. Apparemment, il n'en allait pas de même pour les gravures, peut-être en raison de leur similitude d'aspect avec les griffades. Hommes et ours, d'une certaine manière, faisaient la même chose. Peut-être y aura-t-il là une idée à creuser…

Philippe et Jean-Michel s'approchent, avant d'aller dans la galerie des Mégacéros. Avec les géologues, ils ont examiné la répartition des vestiges osseux au voisinage du crâne d'ours déposé bien en évidence sur une grosse pierre au centre de la salle. Ils ont dénombré trente-sept autres crânes à son voisinage. Nous nous étions demandé si ces crânes n'avaient pu être déplacés par l'eau. Mais, dans ce cas, pourquoi y aurait-il eu le déficit que nous constatons en ossements postcrâniens ? Les géologues ont confirmé que l'hypothèse d'un dépôt naturel était impossible. Ces crânes ont donc bien été déplacés et rassemblés là par les hommes. L'un d'eux est marqué de traits noirs faits à la torche, ce qui montre qu'il était déjà décharné au moment du passage des hommes paléolithiques.

Dans l'enchevêtrement des traits gravés, nous distinguons des bouquetins et, sur la paroi opposée de ce réduit, une grossière tête d'aurochs, outre un grand aurochs complet aux cornes en avant, en S, un mammouth raclé, un autre bouquetin. Une tête de cheval, très sommaire, a été esquissée sur les autres figures, avec un bout de torche. Le charbon a laissé une marque noire, puis le bois de la torche a gravé la paroi molle. Il doit s'agir d'une des dernières œuvres de la grotte, faite à la va-vite lors d'un passage postérieur. Ce serait intéressant de la dater. Je m'approche et la regarde de très près. Non, il n'est pas possible de faire de prélèvement, car il ne reste pas assez de pigment. Dommage !

Un peu plus loin, sur la même paroi droite, un panneau de plusieurs mètres de long est couvert de raclages. Nous y avons déjà distingué trois grands mammouths, en partie superposés. Ils sont extraordinaires. Celui de droite a dû être dessiné à partir des jambes, car les reliefs de la paroi évoquent deux pattes gigantesques terminées par de larges pieds. Les membres de ce mammouth y ont évidemment été inscrits. Son ventre suit une large concavité naturelle. Au-dessus, très haut, à trois mètres cinquante du sol, deux profils animaux restent indéterminés. Ils ont sans doute été réalisés avec un bâton, à bout de bras, ce qui explique leur aspect fruste. Nous avons repéré beaucoup de dessins de ce type à grande hauteur, en diverses parties de la caverne.

Cette fois-ci, le sol très sec et dur de la salle du Crâne nous permet d'aller au-delà de nos incursions de l'année passée, sans prendre de risques pour sa conservation. Avec mille précautions, choisissant chacun de nos pas, nous nous avançons. Dans cette zone, après les mammouths raclés, de nombreux pendants rocheux descendent de la voûte. Beaucoup ont été gravés. Jusqu'ici il nous avait été impossible de voir ce qui y avait été dessiné. Nous nous penchons. Ah ! Voilà un joli petit mammouth, esquissé en quelques larges traits. Nous établissons sa fiche descriptive. Il faudra revenir le photographier.

Nous examinons à présent la paroi gauche. Un panneau long de plusieurs mètres, près de l'entrée de la galerie des Croisillons, est couvert de griffades d'ours qui ont détruit quatre ou cinq peintures animales. Dans ce cas, les ours sont venus après les hommes. Nous ne pouvons pas nous en approcher, les sols étant argileux et mous, couverts de bauges et de traces d'ours, donc précieux et vulnérables. Nous les examinons de loin, à la jumelle. Pour appuyer et préciser nos discussions, nous suivons les traits peints au moyen d'un pointeur laser. Que peut bien être cet animal dessiné en noir ? Un bouquetin ? Un bison ? Nous n'arrivons pas à l'identifier avec certitude. Il sera classé parmi les animaux indéterminés, au moins provisoirement. Sur la droite de ce panneau, un animal noir serait, d'après Jean-Marie, un lion à crinière. Je ne le pense pas. Dans la salle du Fond, nous avons vu des lions dont les testicules sont apparents. Or, ces mâles n'ont pas de crinière. En outre, l'animal que nous voyons à présent a un corps beaucoup plus massif que celui des félins. Pour moi, c'est un bison. Ce qui m'étonne un peu, c'est qu'on ne voit pas ses cornes, car les bisons ne sont jamais représentés sans leurs cornes. Il faudra le revoir quand on pourra mieux l'approcher. En attendant, lui aussi restera indéterminé.

La matinée se termine. Il est 12 h 30. Sous terre, le temps n'existe pas ou si peu. Il passe beaucoup plus vite, en l'absence de repères. Il est temps de sortir. Nous remontons les échelles, quittons combinaisons et chaussures. Dehors, l'équipe de télévision de Pierre-Oscar Lévy nous attend et filme notre sortie. Ils sont chargés de réaliser la chronique vidéo de nos travaux, pour tout ce qui concerne l'extérieur. Ils le font pour le compte du département de l'Ardèche. Nous nous retrouvons tous à la petite grotte en dessous, pour casser la croûte. Nous parlons des travaux et des découvertes de ce matin.

Michel confirme l'existence des empreintes. Elles sont très nettes et indiscutables. D'après leur taille, c'est sans doute un enfant, de 8 à 10 ans, un garçon, qui marchait pieds nus. « Pourquoi un garçon ? » – « À cause du rapport longueur-largeur du pied. » Il y a aussi des glissades, des appuis. Tout cela demandera une étude approfondie, sans doute un estampage aux silicones élastomères, après consolidation du sol. La nouvelle de cette découverte fera du bruit. Après tout, ce sont les empreintes les plus anciennes que l'on connaisse en Europe pour notre espèce, *Homo sapiens sapiens*, puisque, dans la grotte Chauvet, les dates radiocarbone les plus récentes sont de l'ordre de 23 000 ans.

Philippe et Jean-Michel évoquent les amas charbonneux de la Galerie des Mégacéros, près de la salle du Fond. Pourquoi ont-ils allumé des feux aussi importants dans cette zone et pas ailleurs ? Serait-ce des feux d'éclairage, comme on l'a suggéré jusqu'à présent ? Pourtant, au pied des principaux panneaux ornés (les Chevaux, les Félins), nous n'avons pas fait de constatations du même ordre. Or, c'est là qu'ils auraient eu le plus besoin de lumière, puisqu'ils se sont longuement attardés dans ces parages. Cela me donne une idée. « Et s'ils avaient fait ces feux essentiellement pour obtenir des charbons ? Les grands animaux noirs sur les panneaux des Félins, des Rhinocéros, des Grands Bisons, ont toutes chances d'avoir été tracés au fusain, comme tous les autres dessins noirs que nous avons pu approcher. Il fallait de la matière première en abondance. Dans le fond de la galerie des Mégacéros, en outre, le courant d'air aurait aspiré la fumée vers le haut et les artistes auraient été très près des panneaux à orner. » Les autres acquiescent. L'hypothèse est plausible. En tout cas, elle mérite d'être vérifiée. Nous ferons des prélèvements de charbons pour les faire dater et nous verrons alors si les dates concordent avec celles des dessins, datés jusqu'à présent entre 30 000 et 32 000 ans avant le présent. Jean-Michel et Philippe établiront un plan détaillé de cette partie de la grotte, Yanik fabriquera une passerelle légère pour éviter les piétinements à cette occasion, et les prélèvements auront lieu en fonction du repérage des zones charbonneuses les plus propices. Voilà du travail pour les prochains jours.

Valérie et Dominique, depuis le baquet sur rail, ont photographié en détail leurs ours et leurs bouquetins. Demain, elles resteront au camp pour travailler ces images sur l'ordinateur. Le système de va-et-vient du petit train a parfaitement fonctionné, si ce n'est que le frein est maintenant trop lâche. Avec Yanik, nous avons dû le fausser. Les autres nous plaisantent sur les efforts que nous avons déployés pour arriver à ce résultat.

Pendant ce temps, Pierre-Oscar et son équipe filment tout. Au début, cela nous gênait, mais on s'y fait et nous oublions leur présence qui n'empêche pas, à l'occasion, de vives discussions. Tout cela sera archivé. Notre entreprise, sur une grotte exceptionnelle, avec des moyens exceptionnels pour un relevé programmé d'art pariétal, et avec une équipe uniquement composée de spécialistes, est la première du genre. Je suis certain que ces documents, dans vingt ou trente ans, intéresseront nos successeurs. Ils verront comment nous avons procédé, nos tâtonnements, nos discussions, nos erreurs, la joie de nos découvertes, les méthodes utilisées et le travail accompli.

Yanik, astucieux et bricoleur, a imaginé une solution à l'un de nos problèmes majeurs. Comme les sols ne sont pas encore équipés de passerelles et que, pour ne pas y laisser de traces, nous devons cantonner nos déplacements aux lés en plastique et aux surfaces rocheuses ou calcitées, il nous est impossible d'accéder à de nombreuses parois. Quand elles sont visibles de loin, nous pouvons néanmoins les explorer grâce à des projecteurs puissants et à nos jumelles. Mais celles que nous ne voyons qu'en oblique, comme le « lion à crinière » de Jean-Marie, ou le revers des pendants rocheux, tel celui du Sorcier dans la salle du Fond, nous restent inaccessibles. Pour les photographier il faudrait un appareil « à tirer dans les coins ». C'est ce qu'a réalisé Yanik.

Il a emprunté à la femme de ménage de la base un manche de « tête de loup » qui lui sert à nettoyer les toiles d'araignées sur les plafonds. En effet, ces manches – je le découvris alors, au grand amusement de ma femme quand je lui en parlai – sont télescopiques et peuvent atteindre trois mètres cinquante. Yanik fixa à l'extrémité un système d'attache pour son appareil photo, avec rotule, de sorte que la caméra était orientable et se bloquait à la demande, en fonction des circonstances. L'appareil, un compact numérique, pouvait se déclencher automatiquement avec un retard préétabli et prendre sa photo au flash. Nous allions l'essayer ensemble sur le pendant du Sorcier. Je fus ravi et amusé par cette alliance de la haute technologie moderne – l'appareil numérique – et d'un instrument des plus prosaïques – le manche à balai –, grâce à un bricolage bien français (encore que Yanik eut la double nationalité, franco-américaine, et qu'en conséquence il eût été le premier Américain de l'histoire à pénétrer dans la grotte Chauvet).

Retour dans la grotte pour l'après-midi. Comme nous allons dans la salle du Fond, j'enfile un pull supplémentaire. Ce n'est pas qu'il y fasse plus froid, mais le pourcentage en gaz carbonique y est particulièrement élevé (2,5 en moyenne et parfois plus de 3, contre 0,4 ou 0,5 en atmosphère normale). Ce n'est pas dangereux, à condition de ne pas y rester plus de quelques heures, mais cela provoque un essoufflement et l'on se refroidit beaucoup plus vite. Nous voilà face au pendant du Sorcier. Une fois de plus, nous admirons les lions en chasse sur le panneau juste devant nous. Quelle maîtrise du trait ! L'artiste a capturé exactement la tension qui habite ces animaux tendus vers leur proie. Un spécialiste des lions d'Afrique actuels, le Pr Craig Packer, à qui j'avais montré des photographies de ce panneau, m'écrivit qu'il avait souvent vu la même expression sur des lions vivants, en Tanzanie, et que, pour les observer et les reproduire avec une telle exactitude, il fallait en avoir été tout près. Et il ajouta : « La différence, c'est que moi, j'étais à l'intérieur de mon 4 × 4 !… »

Yanik fixe son appareil au bout de la perche. Il l'oriente pour qu'il soit plus ou moins perpendiculaire au verso du pendant. Il règle le déclenchement différé et ouvre l'objectif. Nous éteignons nos lampes afin d'éviter toute interférence. Il étend sa canne, un peu comme s'il allait à la pêche. Le flash se déclenche. Il ramène sa prise. Au dos de la caméra, une petite fenêtre s'allume. Nous nous penchons avec avidité. Qu'allons-nous découvrir ? Un lion ! Il y a bien un lion qui fait suite au Sorcier, outre quelques traits appartenant à un autre animal, encore indéterminé. Pour le moment, nous conservons cette image. Leur nombre sera limité, puisqu'on ne peut garder que dix clichés avec ce petit appareil. En revanche, il est possible d'annuler tous ceux qui ne nous conviennent pas. On recommence, après avoir changé quelque peu l'angle d'inclinaison de l'appareil. Après plusieurs essais, le lion est parfait. Nous l'avons en entier. Il semble qu'il y ait un mammouth à la suite. Oui, c'est bien un mammouth et nous finissons par capturer son image. Mais il y a encore autre chose, un peu plus loin. Yanik multiplie les tentatives. Je suis à la fois excité, passionné à la perspective des découvertes et hilare à le voir faire avec son manche à balai rétractable. Ça y est, nous avons le troisième animal. Qu'est-ce que ça peut bien être ? Il ressemble à un bison, avec une bosse moins massive, sans cornes visibles. L'image est trop petite pour avoir une certitude quelconque. Il faudra voir à la base, sur l'ordinateur où nous l'agrandirons. Nous profitons de notre séjour dans le fond pour vérifier quelques autres fiches. En tout, aujourd'hui, nous aurons découvert une bonne demi-douzaine d'animaux supplémentaires.

Il est près de 18 heures. Nous rentrons à la base et racontons les événements de la journée à nos compagnons restés au camp. Yanik se précipite sur son ordinateur, y enregistre les images récoltées, les agrandit et les contraste avant de les imprimer. Il s'exclame : « Jean, venez voir. Qu'est-ce que c'est que cette bête ? » À mon avis, ce n'est pas un bison. La corne est enroulée vers le bas, autour de l'œil. Je pense à un bœuf musqué et je le dis, en même temps que Valérie qui a eu la même idée. Michel discute notre identification et la réfute : « Chez le bœuf musqué, le caractère le plus évident est la fourrure de longs poils qui arrivent jusqu'au sol. Celui-ci a le ventre glabre bien apparent. On ne peut pas avoir de certitude. » Sur le moment, cette observation m'ébranle. Après tout, c'est l'histoire du verre à moitié vide ou à moitié plein, un argument pour et un argu-

Le bœuf musqué découvert par Yanik au verso du pendant du Sorcier.

ment contre. Après réflexion, le soir venu, je reprends la discussion. « Michel, je ne crois pas qu'en stricte méthodologie, on puisse retenir un argument négatif comme le tien, car ce serait présupposer de ce qui, pour les Paléolithiques, constituait une caractéristique corporelle d'intérêt majeur. Cela a pu varier, en fonction des époques, des gens, des mythes qui s'attachaient aux animaux. Si un seul caractère permettant l'identification existe, cela doit suffire. Par exemple, une silhouette humaine sera féminine si les seins seuls sont représentés, même en l'absence de la vulve. » Michel, le sceptique, reste dubitatif et n'est toujours pas convaincu.

Le lendemain, nous recommençons à échanger des arguments. Ces discussions, très fréquentes au sein de l'équipe, sont saines. Elles évitent la « pensée unique ». On se sent poussé dans ses retranchements, obligé de préciser ses idées, d'expliciter ses modes de raisonnement... et parfois d'en changer. C'est stimulant et toujours amical, malgré la vivacité des affrontements. Pendant ce temps, Yanik est revenu à son ordinateur, où il vient de verser la récolte du jour. Entre autres, avec l'aide de sa canne, il a réussi à photographier le fameux « lion à crinière » de Jean-Marie. « Venez voir ! Inutile de continuer à discuter ! » Il a raison. L'image vue de face révèle un autre bœuf musqué, indiscutable avec son frontal massif et sa corne gravée vers le bas, comme l'autre. Le reste de l'animal est peint en noir. On dirait le frère jumeau de celui découvert sur le pendant du Sorcier, sauf que celui-ci est plus élaboré et plus détaillé. Les détails sont identiques et les deux ont dû être faits par le même artiste. Voilà une quatorzième espèce animale qui s'ajoute ainsi à la liste. C'est la première fois que le bœuf musqué est trouvé peint sur les parois d'une grotte. Une autre « première »...

Que nous réserve demain ? Et les jours et les années suivantes de recherches dans cette grotte extraordinaire ?

Nous finirons par bien les connaître, ces aurignaciens et ces gravettiens qui ont pénétré il y a tant de millénaires dans le repaire des ours pour capter leur puissance. Petit à petit, les mystères se dévoilent. Ces gens n'ont pas dû être très nombreux, même si plusieurs artistes ont opéré sur les parois. Un (ou des) enfant(s) les a (ont) accompagnés, peut-être à des milliers d'années d'intervalle. Ils maîtrisaient l'essentiel des techniques picturales et, parmi eux, il y eut au moins un très grand maître, l'égal des plus grands artistes animaliers de tous les temps. Nous trouverons d'autres gravures et d'autres peintures, nous préciserons leurs techniques, les phases de leur réalisation, les divers passages humains et leur relation avec les incursions des ours. Après nous, d'autres viendront, vérifieront nos recherches, les approfondiront avec des techniques et des questions nouvelles. Ce qui ne changera pas, ce sera l'émerveillement devant une grotte intacte grâce à ses découvreurs, avec ses concrétions blanches qui scintillent sous la lampe, et l'apparition soudaine d'une troupe de rhinocéros ou de lions en chasse qui vivent à jamais sur ses parois.

Table

RÉALISATION : CURSIVES À PARIS
IMPRESSION : NORMANDIE ROTO SA À LONRAI
DÉPÔT LÉGAL : NOVEMBRE 1999. N° 992563